一学就会魔法书（第 2 版）

Photoshop CS3 图像处理 200 例
（全彩版）

九州书源　编著

清华大学出版社

北　京

内 容 简 介

Photoshop CS3 是目前流行的图像处理与平面设计软件之一，应用极为广泛。本书通过200个典型实例，讲解了 Photoshop CS3 的常用图像处理技巧，帮助用户快速掌握相关知识。主要内容包括 Photoshop 基础应用、图像的绘制与修饰、图像颜色的调整、文字特效、纹理特效、图像处理特效、质感合成特效、艺术特效、数码照片处理、卡片和包装设计、CI 设计以及综合应用。

本书深入浅出、图文并茂、以图析文、直观而生动，通过精心安排的典型实例，读者可以快速理解并巩固所学的知识，同时做到学以致用、举一反三；每章后面附有大量丰富生动的练习题供读者练习，从而达到熟能生巧的目的。

本书定位于图形图像处理的初、中级用户，适用于平面设计人员、摄影爱好者等，也可供电脑培训学校作为 Photoshop 的培训教材使用。

本书封面贴有清华大学出版社防伪标签，无标签者不得销售。
版权所有，侵权必究。侵权举报电话：010-62782989　13701121933

图书在版编目（CIP）数据

Photoshop CS3 图像处理200例（全彩版）/九州书源编著. —2 版. —北京：清华大学出版社，2009.7

（一学就会魔法书）

ISBN 978-7-302-19891-8

I. P… Ⅱ. 九… Ⅲ. 图形软件，Photoshop CS3　Ⅳ. TP391.41

中国版本图书馆 CIP 数据核字（2009）第 052612 号

责任编辑：刘利民　朱英彪
封面设计：刘洪利　刘　超
版式设计：魏　远
责任校对：王　云
责任印制：杨　艳

出版发行：清华大学出版社　　　　　　　　　地　　　址：北京清华大学学研大厦 A 座
　　　　　http://www.tup.com.cn　　　　　邮　　　编：100084
　　　　　社　总　机：010-62770175　　　邮　　　购：010-62786544
　　　　　投稿与读者服务：010-62776969，c-service@tup.tsinghua.edu.cn
　　　　　质　量　反　馈：010-62772015，zhiliang@tup.tsinghua.edu.cn
印　刷　者：北京鑫丰华彩印有限公司
装　订　者：北京市密云县京文制本装订厂
经　　销：全国新华书店
开　　本：185×260　印　张：24　字　数：554 千字
　　　　　（附 DVD 光盘 1 张）
版　　次：2009 年 7 月第 2 版　　印　　次：2009 年 7 月第 1 次印刷
印　　数：1～5000
定　　价：69.80 元

本书如存在文字不清、漏印、缺页、倒页、脱页等印装质量问题，请与清华大学出版社出版部联系调换。联系电话：(010)62770177 转 3103　　产品编号：032051-01

再致亲爱的读者

——一学就会魔法书（第2版）序

首先感谢您对"一学就会魔法书"的支持与厚爱！

"一学就会魔法书"（第1版）自2005年出版以来，曾在全国各大书店畅销一时，先后有近百万读者通过这套书学习了电脑相关技能，被全国各地400多家电脑培训机构、机关、社区、企业、学校选作培训教材，截至目前，这套书累计销售近100万册，其中5种荣获2006年度"全国优秀畅销书"奖。

许多热心读者反映，通过"一学就会魔法书"学会了电脑操作，为自己的工作与生活带来了乐趣。有的读者希望增加一些新的品种；有的读者反映一些知识落后了，希望能出新的版本。为了满足广大读者的需求，我们对"一学就会魔法书"进行了大幅度更新，包括内容、版式、封面和光盘运行环境的更新与优化，同时还增加了很多新的、流行的品种，使内容更加贴近读者，与时俱进。

"一学就会魔法书"（第2版）继承了第1版的优点："轻松活泼""起点低，入门快"和"情景式学习"等，力求让读者把一个个电脑技能当作"魔法"来学习，在惊叹电脑神奇的同时，轻松掌握操作电脑的技能。

一、丛书内容特点

本丛书内容有以下特点：

（一）情景式教学，让电脑学习轻松愉快

本丛书为读者设置了一个轻松、活泼的学习情境，书中以一个活泼可爱的"小魔女"的学习历程为线索，循着她学习的脚步，读者可以掌握一项项技能，解决一个个问题，同时还有一个"魔法师"循循善诱，深入浅出地讲解各个知识点，并不时提出学习建议。情景式学习，寓教于乐，让学习轻松、愉快、充满情趣。

（二）动态教学，操作流程一目了然

为了让读者更为直观地看到操作的动态过程，本丛书在讲解时尽量采用图示方式，并用醒目的序号标示操作顺序，且在关键处用简单的文字描述，在有联系的图与图之间用箭头连接起来，将电脑上的操作过程动态地体现在纸上，让读者在看书的同时感觉就像在电脑上操作一样直观。

（三）解疑释惑让学习畅通无阻，动手练习让学习由被动变主动

"魔力测试"让您可以随时动手，"常见问题解答"帮您清除学习路上的"拦路虎"，"过关练习"让您能强化操作技能，这些都是为了让读者主动学习而精心设计的。

本丛书中穿插的"小魔女"的各种疑问就是读者常见的问题，而"魔法师"的回答让读者豁然开朗。这种一问一答的互动模式让学习畅通无阻。

二、光盘内容及其特点

本丛书的光盘是一套专业级交互式多媒体光盘，采用全程语音讲解、情景式教学、详细的图文对照方式，通过全方位的结合引导读者由浅至深，一步一步地完成各个知识点的学习。

（一）多媒体教学演示，如同老师在身边手把手教您

多媒体演示中，通过3个虚拟人物再现了一个学习过程：一个活泼可爱的"小魔女"提出各式各样的问题，引出了各个知识点的学习任务；安排了一个知识渊博的"魔法师"耐心、详细地解答问题；另外还安排了一个调皮的"小精灵"，总是在不经意间让您了解一些学习的窍门。

（二）多媒体教学练习，边看边练是最快的学习方式

通过"新手练习"按钮，用户可以边学边练；通过"交互"按钮，用户可以进行模拟操作，巩固学到的知识。

（三）素材、源文件等学习辅助资料一应俱全

模仿是最快的学习方式，为了便于读者直接模仿书中内容进行操作，本书光盘提供所有实例的素材和源文件，读者可直接调用，非常方便。

（四）赠品：提供多款安装软件（试用版），不用额外去获取

为了方便读者，本光盘提供了"Office 2007"简体中文测试版软件、"卡巴斯基"杀毒软件（免费使用1个月）、微点主动防御软件——电脑病毒免疫专家（免费使用3个月），还附带了多种工具软件，如屏幕录制软件等。

（五）赠品：额外提供更加深入的多媒体演示和相关素材

为了便于读者深入学习，本光盘在"软件与赠品"目录下额外提供了更加深入的多媒体教学演示和相关素材，读者可根据该内容自行学习。

九州书源

前言

Photoshop CS3由Adobe公司出品，是一款应用非常广泛的图像处理软件，深受广大平面设计人员和爱好者的喜爱。它在图像处理、平面设计和网页设计等领域展现了强大的功能，借助其提供的各种特色功能，用户可以轻松制作出与众不同的图像效果和文字效果。为了帮助读者快速、全面掌握Photoshop CS3的常用图像处理技巧，我们汲取多年Photoshop CS3特效制作经验，通过精心收集和整理，编写了这本《Photoshop CS3图像处理200例（全彩版）》。本书面向平面设计领域的初、中级用户，通过各种实例的制作讲解Photoshop CS3的主要知识点。即使之前没有接触过Photoshop CS3，只要读者跟随"小魔女"的学习步伐，在"魔法师"的讲解下逐一学习，即可轻松掌握各种精美图像效果的制作方法，进而成为Photoshop高手。

↗ 本书内容

本书按照Photoshop CS3的不同应用领域，在内容上作了精心安排，使读者在本书的引导下，可以循序渐进地掌握运用Photoshop CS3进行图像处理的相关知识。本书共12章，可分为以下5个部分。

章　节	内　容	目　的
第1部分（第1~3章）	Photoshop CS3的基础知识	掌握各种工具和命令的使用方法，绘制基本图像，调整颜色
第2部分（第4~5章）	文字特效和纹理特效	掌握各种文字特效和纹理特效的制作方法和技巧
第3部分（第6~8章）	图像特效	掌握各种处理、质感、合成、艺术特效的制作方法和技巧
第4部分（第9~11章）	数码照片处理和商业应用	照片的高级处理，商业领域的应用，包括卡片、包装和CI设计
第5部分（第12章）	综合应用	综合运用Photoshop CS3的各知识点，制作各种平面设计作品

↗ 本书适合的读者对象

本书适合以下读者：

（1）从事平面设计及相关工作的人员。

（2）对图像处理和平面设计感兴趣的读者。

（3）在校学生。

↗ 如何阅读本书

本书每章均按"知识要点+制作要领+步骤讲解+过关练习"的结构进行讲述。

❖ **知识要点**：罗列出本例所涉及的主要知识点，先让读者了解该实例制作的大致步骤，以建立初步的制作思路。

❖ **制作要领**：提示读者在制作过程中需要引起注意和重点掌握的知识点。

❖ **步骤讲解**：通过详细的操作步骤讲解实例的制作过程，同时融入一些需要注意的技巧和重点。

❖ **过关练习**：针对本章所涉及的知识点，设置相应的上机操作题，以提高读者的思考能力和实际动手能力。

另外，了解以下几点更有利于学习本书：

（1）本书设计了调皮好学的"小魔女"和知识渊博的"魔法师"两个人物，分别扮演学生和老师的角色，本书内容就由他们贯穿始终。读者可以结合多媒体教学光盘，随着"小魔女"的学习步伐，聆听"魔法师"的讲解，通过互动式学习，掌握Photoshop CS3的基本操作。

（2）本书在讲解知识点时尽量采用图示方式，用 **1**、**2**、**3** 表示操作顺序，并在关键步骤用简单的文字描述，有联系的图与图之间用箭头连接起来，体现操作的动态变化过程，读者只要结合文字讲解就可以很容易地学会相应操作。

（3）本书将丰富生动的实例贯穿于知识点中，学完一个知识点就学会了一种技能，能解决一个实际问题，读者在学习时可以有意识地用它来完成某个任务，帮助理解知识点。

（4）本书中穿插了"小魔女"和"魔法师"的提示语言以及魔法档案和魔力测试两个小栏目。看到"小魔女"、"魔法师"卡通和"魔法档案"可要提高警惕哟，它们都是需要重点注意的地方。"魔力测试"实际就是强化知识点的小练习，只要即时练习，趁热打铁，就能记忆深刻。

（5）过关练习是巩固所学知识点和提高动手能力的关键，必须综合运用前面所学的知识点才可能做出来。建议读者一定要正确做完所有题目后再进入下一章的学习。

↗ 创作队伍

本书由九州书源组织编著，参与编写的有向利、徐云江、明春梅、陆小平、袁松涛、杨明宇、段里、官小波、汪科、方坤、牟俊、陈良、范晶晶、唐青、张春梅、董娟娟、李伟、余洪、杨颖、张永雄、吴永恒、赵华君、李显进、赵云、林涛、朱鹏、蒲涛、徐倾鹏、程云飞、常开忠、孙兵、刘成林、李鹏、彭启良、张笑、骆源、张正荣。在此对大家的辛勤工作表示衷心的感谢！

对于本书，我们已经努力做到了"好"，您尽可以放心地阅读和学习，相信它会成为您的良师益友。若您在阅读过程中遇到困难或疑问，可以给我们写信，我们的E-mail是book@jzbooks.com。我们还专门为本书开通了一个网站，以解答您的疑难问题，网址是http://www.jzbooks.com。

编　　者

目 录 MULU

第1章 Photoshop基础应用

第2章 图像的绘制与修饰

目　录

魔法书

第3章　图像颜色的调整

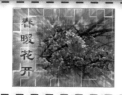  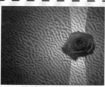 

第4章　制作文字特效

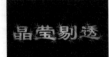

目 录

第5章　制作纹理特效

第6章　制作图像处理特效

第7章　制作质感合成特效

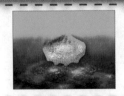

第8章　制作艺术特效

第9章　数码照片处理

第10章 卡片和包装设计

第11章　CI设计

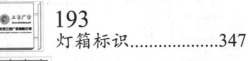
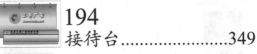
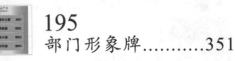
第12章　综合应用

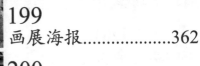

第1章

Photoshop基础应用

Photoshop CS3是一款深受广大用户好评的专业图像处理软件，被广泛应用于商业、广告和出版等领域。

小魔女：魔法师，我听说Photoshop CS3被认为是图像处理的高手啊？

魔法师：没错！它能帮助我们对图像进行各种处理，从而制作出符合实际需要的图像效果。

小魔女：听起来挺不错的，我也想学学。

魔法师：小魔女还真好学啊！那我就先从一些Photoshop CS3的基础应用开始教你吧，主要包括图像文件的打开和保存、文件格式、选区、图层、通道、色彩、滤镜、蒙版和文字工具等知识。

第1例　鲜花图片

素　材：\素材\第1章\鲜花.jpg
源文件：\源文件\第1章\鲜花.psd

知识要点
★ 启动Photoshop
★ 打开图片
★ 裁剪图片
★ 保存图片

制作要领
★ 图片的打开和裁剪
★ 选择图片保存格式

 步骤讲解

步骤1 选择【开始】/【所有程序】/【Adobe Design Premium CS3】/【Adobe
Photoshop CS3】命令，启动Photoshop CS3，如图1-1所示。

图1-1　启动Photoshop CS3

 魔法档案
双击桌面上的Photoshop CS3快捷方式图标，也可快速启动Photoshop CS3。

步骤2 选择【文件】/【打开】命令，弹出"打开"对话框。在"查找范围"下拉
列表框中选择图片所在文件夹，这里选择"素材\第1章"文件夹。

步骤3 在中间的列表框中选择需要打开的图像文件，这里选择"鲜花.jpg"，然后
单击 打开(Q) 按钮即可将其打开，如图1-2所示。

步骤4 选择工具箱中的裁剪工具，按住鼠标左键不放，在图片中拖动绘制出如图1-3所示的矩形虚线框。

图1-2 "打开"对话框

图1-3 绘制矩形虚线框

步骤5 单击属性栏中的✓按钮，或者按【Ctrl+Enter】键，即可完成裁剪操作，效果如图1-4所示。

步骤6 选择【文件】/【存储为】命令，弹出"存储为"对话框，在"保存在"下拉列表框中选择用于保存图片的文件夹，这里选择"源文件\第1章"文件夹。

步骤7 在"格式"下拉列表框中选择保存格式，这里选择Photoshop（*.PSD; *.PDD）选项，单击 保存(S) 按钮，完成保存操作，如图1-5所示。

图1-4 裁剪后的效果

图1-5 "存储为"对话框

第2例　飞鸟图片

素　材：\素材\第1章\飞鸟.psd、天空.jpg
源文件：\源文件\第1章\飞鸟.psd

知识要点	制作要领
★ 直接拖动复制 ★ 按住【Alt】键 　　复制	★ 图片的复制方法

步骤 1　打开"飞鸟.psd"和"天空.jpg"图像文件。选择工具箱中的移动工具，
　　　　　单击"飞鸟.psd"图像文件中的飞鸟图像，按住鼠标左键不放，直接将其拖
　　　　　动至"天空.jpg"图像文件中。

步骤 2　释放鼠标左键，即可将其复制到"天空.jpg"图像文件中，如图2-1所示。

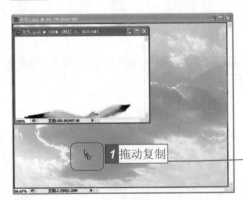

图2-1　直接拖动复制图像

步骤 3　在"天空.jpg"图像文件中单击飞鸟图像，按住【Alt】键和鼠标左键，将其
　　　　　拖动至图像文件右上方，即可复制出一个飞鸟图像，如图2-2所示。

步骤 4　选择【文件】/【存储为】命令，在弹出的"存储为"对话框中将复制飞鸟
　　　　　图像后的"天空.jpg"图像文件保存为"飞鸟.psd"图像文件。

图2-2　按住【Alt】键拖动复制图像

第3例　彩色花朵

素　材：\素材\第1章\彩色花朵.jpg
源文件：\源文件\第1章\彩色花朵.psd

知 识 要 点	制 作 要 领
★ 快速选择	★ 快速选择
★ 新建图层	★ 调整色相和饱和度
★ 色相和饱和度	

 步骤讲解

步骤1　打开"彩色花朵.jpg"图像文件，选择工具箱中的快速选择工具，按住鼠标左键不放，在最左侧的花朵图像上进行拖动，绘制出花朵形状的选区，如图3-1所示。

步骤2　按【Ctrl+J】键新建图层1，如图3-2所示。

步骤3　选择【图像】/【调整】/【色相/饱和度】命令，弹出"色相/饱和度"对话框。分别在"色相"、"饱和度"和"明度"数值框中输入"-130"、"30"和"10"，单击 确定 按钮，如图3-3所示。

步骤4　返回图像文件窗口，即可看到调整色相和饱和度后的效果，如图3-4所示。

图3-1　快速选择

图3-2　新建图层1

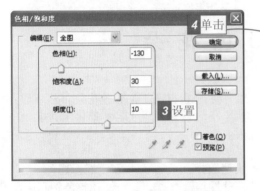

图3-3　"色相/饱和度"对话框

图3-4　调整色相和饱和度后的效果

步骤5　在"图层"控制面板中选择背景图层，利用快速选择工具 选择最左侧花朵右下方的花朵，按【Ctrl+J】键新建图层2。

步骤6　选择【图像】/【调整】/【色相/饱和度】命令，弹出"色相/饱和度"对话框。分别在"色相"、"饱和度"和"明度"数值框中输入"-50"、"70"和"-20"，单击 确定 按钮，效果如图3-5所示。

步骤7　按照步骤5和步骤6的方法，分别调整其他花朵的色相和饱和度，最终效果如图3-6所示。

图3-5　调整色相和饱和度

图3-6　最终效果

第4例　套索的妙用

素　材：\素材\第1章\兔子.jpg
源文件：\源文件\第1章\兔子.psd

知识要点
★ 套索工具
★ 应用滤镜
★ 图层混合模式
★ 色相和饱和度

制作要领
★ 套索工具的使用
★ 滤镜的使用

 步骤讲解

步骤1 打开"兔子.jpg"图像文件，选择工具箱中的套索工具 ，在兔子图像的四周绘制如图4-1所示的选区。

步骤2 按【Shift+Ctrl+I】键反选选区，按【Ctrl+J】键新建图层1。

步骤3 选择【滤镜】/【像素化】/【马赛克】命令，弹出"马赛克"对话框。在"单元格大小"数值框中输入"90"，单击 确定 按钮，如图4-2所示。

图4-1　绘制选区

图4-2　"马赛克"对话框

步骤4 返回图像文件窗口，即可看到应用"马赛克"滤镜后的效果，如图4-3所示。

步骤5 选择【滤镜】/【风格化】/【查找边缘】命令，在弹出的"查找边缘"对话框中进行相应设置后单击"确定"按钮，返回图像文件窗口，即可查看应用"查找边缘"滤镜后的效果，如图4-4所示。

图4-3　应用"马赛克"滤镜　　　　　　　图4-4　应用"查找边缘"滤镜

步骤6　在"图层"控制面板中设置图层1的图层混合模式为"叠加"，如图4-5 所示。

步骤7　选择【图像】/【调整】/【色相/饱和度】命令，弹出"色相/饱和度"对话框。分别在"色相"、"饱和度"和"明度"数值框中输入"0"、"0"和"-70"，单击 确定 按钮，最终效果如图4-6所示。

图4-5　设置图层混合模式　　　　　　　　图4-6　最终效果

第5例　MP3与文字

素　材：\素材\第1章\MP3.jpg
源文件：\源文件\第1章\MP3.psd

知 识 要 点　　　　　　　　制 作 要 领
★ 渐变映射　　　　　　　　★ 输入和设置文字
★ 输入和设置文字　　　　　★ 添加图层样式
★ 添加图层样式
★ 复制图层样式

 步骤讲解

步骤1 打开"MP3.jpg"图像文件，选择工具箱中的快速选择工具 ，创建MP3图像选区，如图5-1所示。

步骤2 按【Ctrl+J】键新建图层1。选择"背景"图层，选择【图像】/【调整】/【渐变映射】命令，弹出"渐变映射"对话框。在"灰度映射所用的渐变"下拉列表框中选择"紫色、橙色"选项，单击 确定 按钮，如图5-2所示。返回图像文件窗口后，即可查看渐变映射效果，如图5-3所示。

步骤3 选择工具箱中的横排文字工具 **T**，在"字符"控制面板中设置字体格式为"方正行楷简体、150点、白色"，并单击"仿斜体"按钮 **T**，在图像文件窗口中输入文字"逼真音质"，如图5-4所示。

图5-1　创建MP3图像区域选区

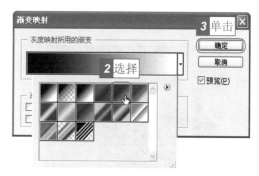

图5-2　"渐变映射"对话框

图5-3　渐变映射后的效果

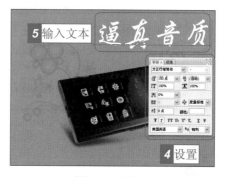

图5-4　输入文字

步骤4 选择文字"逼真"，单击"字符"控制面板中的"下标"按钮 **T₁**；选择文字"质"，单击"上标"按钮 **T¹**；单击属性栏中的 ✔ 按钮确认。在工具箱中选择移动工具 ，调整文字的位置，如图5-5所示。

步骤5 选择【图层】/【图层样式】/【外发光】命令，弹出"图层样式"对话框。在"扩展"和"大小"数值框中分别输入"20"和"30"，单击 确定 按

钮，如图5-6所示。返回图像文件窗口，即可查看效果，如图5-7所示。

步骤6 在"图层"控制面板中右击图层，在弹出的快捷菜单中选择"拷贝图层样式"命令。再右击图层1，在弹出的快捷菜单中选择"粘贴图层样式"命令，复制图层样式后的最终效果，如图5-8所示。

图5-5　调整文字

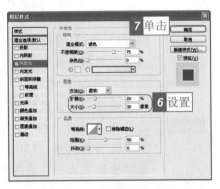

图5-6　"图层样式"对话框

图5-7　添加"外发光"图层样式

图5-8　复制图层样式

第6例　调整曝光度

素　材：\素材\第1章\落日.jpg
源文件：\源文件\第1章\落日.psd

知 识 要 点

★减淡工具
★色相和饱和度
★色彩平衡
★亮度和对比度

制 作 要 领

★减淡工具的使用
★调整色彩平衡

 步骤讲解

步骤1　打开如图6-1所示的"落日.jpg"图像文件，选择工具箱中的减淡工具 ✎，在属性栏的"画笔"下拉列表框中选择"柔角200像素"选项，在"范围"下拉列表框中选择"中间调"选项，在"曝光度"数值框中输入"50%"。

步骤2　在图像文件窗口中进行涂抹减淡，如图6-2所示。

图6-1　"落日"图像文件

图6-2　涂抹减淡图像

步骤3　选择【图像】/【调整】/【色相/饱和度】命令，弹出"色相/饱和度"对话框。在"饱和度"数值框中输入"30"，其他默认参数保持不变，单击 确定 按钮。

步骤4　选择【图像】/【调整】/【色彩平衡】命令，弹出"色彩平衡"对话框。选中 ⊙ 中间调(D)单选按钮，在"色阶"数值框中输入"50"、"-20"和"-20"，如图6-3所示。

步骤5　选中 ⊙ 阴影(S)单选按钮，在"色阶"数值框中输入"60"、"-10"和"-10"，单击 确定 按钮，如图6-4所示。

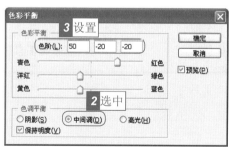

图6-3　设置中间调

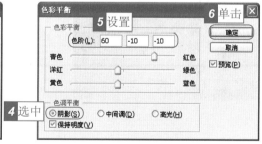

图6-4　设置阴影

步骤6　返回图像文件窗口，即可看到调整色彩平衡后的效果，如图6-5所示。

步骤7　选择【图像】/【调整】/【亮度/对比度】命令，弹出"亮度/对比度"对话框。在"亮度"和"对比度"数值框中分别输入"-40"和"50"，单击 确定 按钮，如图6-6所示。

图6-5　调整色彩平衡

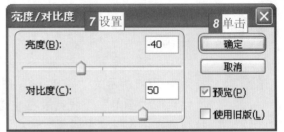

图6-6　"亮度/对比度"对话框

步骤8 返回图像文件窗口，最终效果如图6-7所示。

调整了曝光度后，图像变得清晰、漂亮多了！

图6-7　最终效果

第7例　林间小道

素　材：\素材\第1章\林间小道.jpg
源文件：\源文件\第1章\林间小道.psd

知识要点
★套索工具
★羽化选区
★减淡工具
★加深工具

制作要领
★羽化选区
★减淡/加深工具的
　使用

步骤讲解

步骤1 打开"林间小道.jpg"图像文件，选择工具箱中的套索工具，创建如图7-1
所示的选区。

步骤2 按【Ctrl+Alt+D】键，弹出"羽化选区"对话框。在"羽化半径"数值框中

输入"30"，单击 ▭确定▭ 按钮，如图7-2所示，对选区进行羽化。

图7-1 创建选区

图7-2 "羽化选区"对话框

步骤3 选择工具箱中的减淡工具 ，在属性栏的"画笔"下拉列表框中选择"柔角100像素"选项，在"范围"下拉列表框中选择"中间调"选项，在"曝光度"数值框中输入"20%"。在选区中进行涂抹减淡，如图7-3所示。

步骤4 按【Shift+Ctrl+I】键反选选区。

步骤5 选择工具箱中的加深工具 ，在属性栏的"画笔"下拉列表框中选择"柔角100像素"选项，在"范围"下拉列表框中选择"中间调"选项，在"曝光度"数值框中输入"25%"。在选区中进行涂抹加深，如图7-4所示。

图7-3 涂抹减淡

图7-4 涂抹加深

步骤6 按【Ctrl+D】键取消选区，完成图像的制作。

为什么我在工具箱中没有找到加深工具呢？

哦，你将鼠标光标移至减淡工具上，然后右击，在弹出的快捷菜单中就可以选择该工具了。

第8例　风筝图片

素　材：\素材\第1章\风筝.jpg
源文件：\源文件\第1章\风筝.psd

知 识 要 点	制 作 要 领
★ 绘制和填充选区	★ 涂抹工具的使用
★ 涂抹工具	★ "镜头光晕"滤镜
★ "镜头光晕"滤镜	

 步骤讲解

步骤1　打开"风筝.jpg"图像文件，单击"图层"控制面板底部的"创建新图层"
按钮　，新建图层1。

步骤2　选择工具箱中的椭圆选框工具　，绘制一个椭圆选区，按【Ctrl+Delete】键
将选区填充为白色，然后按【Ctrl+D】键取消选区。

步骤3　重复步骤2的操作，再绘制两个填充为白色的椭圆选区，如图8-1所示。

步骤4　选择工具箱中的涂抹工具　，在属性栏中设置画笔类型为"柔角27像素"，
在"强度"数值框中输入"70%"。

步骤5　对刚才填充的3个白色选区分别进行涂抹，如图8-2所示。

图8-1　绘制和填充椭圆选区

图8-2　涂抹后的效果

步骤6　选择背景图层，选择【滤镜】/【渲染】/【镜头光晕】命令，弹出"镜头光
晕"对话框。在"亮度"数值框中输入"140"，在预览窗口的左上方单击
以定位光晕位置，最后单击　确定　按钮，如图8-3所示。

步骤7　返回图像文件窗口，最终效果如图8-4所示。

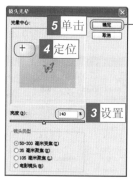

图8-3　"镜头光晕"对话框　　　　　　　图8-4　最终效果

第9例　树叶上的水珠

素　材：\素材\第1章\树叶.jpg
源文件：\源文件\第1章\树叶.psd

知 识 要 点	制 作 要 领
★ 椭圆选框工具	★ 椭圆选框工具的
★ 新建图层	使用
★ 设置图层样式	★ 设置图层样式

 步骤讲解

步骤1　打开"树叶.jpg"图像文件，使用椭圆选框工具◯绘制如图9-1所示的椭圆选区，按【Ctrl+J】键新建图层1。

步骤2　选择【图层】/图层样式】/【投影】命令，弹出"图层样式"对话框。取消选中☐使用全局光(G)复选框，设置角度为"140度"，距离和大小均为"8像素"，如图9-2所示。

步骤3　在"图层样式"对话框左侧的"样式"列表框中选中☑内发光复选框，单击颜色方框，在弹出的列表框中设置发光颜色为"深绿色（28501e）"，大小为"10像素"，如图9-3所示。

步骤4　在左侧的"样式"列表框中选中☑斜面和浮雕复选框，设置方法为"雕刻柔和"，深度为600%，大小和软化分别为"30像素"和"10像素"，高光模

式为"正常"，不透明度为100%，阴影模式的不透明度为70%。

步骤5 取消选中☐ **使用全局光(G)**复选框，设置角度为"140度"，如图9-4所示。

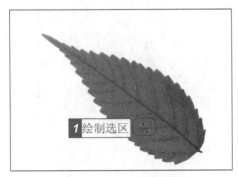

图9-1　绘制椭圆选区

图9-2　设置投影

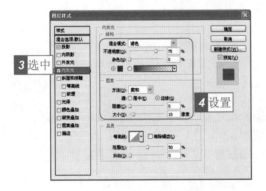

图9-3　设置内发光

图9-4　设置斜面和浮雕

步骤6 单击"光泽等高线"按钮，弹出"等高线编辑器"对话框，在曲线上单击创建3个节点，拖动节点调整曲线的形状，单击 **确定** 按钮，如图9-5所示。

步骤7 在左侧的"样式"列表框中选中☑**等高线**复选框，设置"等高线"为"半圆"，范围为100%，如图9-6所示。

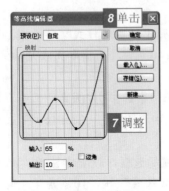

图9-5　设置光泽等高线

图9-6　设置等高线

步骤8 在左侧的"样式"列表框中选中 ☑渐变叠加 复选框，单击"渐变"下拉列表框，在弹出的"渐变编辑器"对话框中设置渐变图案为"绿色（28501e）、白色"，单击 确定 按钮，如图9-7所示。

步骤9 在"渐变叠加"栏中设置混合模式为"叠加"，角度为"140度"，缩放为150%，单击 确定 按钮，如图9-8所示。

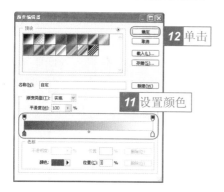

图9-7 编辑渐变

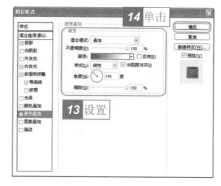

图9-8 设置渐变叠加

步骤10 返回图像文件窗口，即可查看制作的水珠效果，如图9-9所示。

步骤11 选择"背景"图层，然后按照步骤1~10的方法制作其余水珠，最终效果如图9-10所示。

图9-9 制作的水珠效果

图9-10 最终效果

除了选择菜单命令以外，还有其他方法可以弹出"图层样式"对话框吗？

单击"图层"控制面板底部的"添加图层样式"按钮 fx，在弹出的菜单中选择相应的样式，也可弹出该对话框。

第10例 个性大头贴

素　材：\素材\第1章\少女.jpg
源文件：\源文件\第1章\个性大头贴.psd

知识要点	制作要领
★ 填充选区	★ 预设的图层样式
★ 预设的图层样式	★ 画笔工具的使用
★ 画笔工具	
★ 输入文本	

步骤讲解

步骤1 打开"少女.jpg"图像文件，单击"图层"控制面板底部的"创建新图层"按钮，新建图层1。

步骤2 使用椭圆选框工具○绘制如图10-1所示的选区。

步骤3 按【Shift+Ctrl+I】键反选选区，然后按【Alt+Delete】键将选区填充为黑色，按【Ctrl+D】键取消选区，如图10-2所示。

步骤4 打开"样式"控制面板，在其列表框中单击"日落天空（文字）"按钮，为图层1添加Photoshop CS3预设的图层样式，如图10-3所示。

图10-1　绘制选区　　　　图10-2　反选并填充选区　　　　图10-3　添加预设的图层样式

步骤5 选择画笔工具，在属性栏中设置画笔类型为"流星29像素"、颜色为"黄色（ffff00）"，在图层1任意处单击，绘制星形图案，如图10-4所示。

步骤6 在工具箱中选择直排文字工具 ▮T̲，在右侧的"字符"控制面板中将字体格式设置为"方正舒体、48点、白色、仿粗体、仿斜体"，如图10-5所示。

步骤7 输入文本"美丽回忆"，按【Ctrl+Enter】键确认。制作的大头贴的最终效果如图10-6所示。

图10-4　绘制星形图案

图10-5　设置字体格式

图10-6　最终效果

第11例　金属按钮

素　材：无
源文件：\源文件\第1章\金属按钮.psd

知 识 要 点	制 作 要 领
★ 新建图像文件	★ 新建图像文件
★ 载入图层样式	★ 载入图层样式
★ 复制和移动图层	★ 复制和移动图层
★ 改变叠加颜色	

步骤1 启动Photoshop CS3，选择【文件】/【新建】命令，或者按【Ctrl+N】键，弹出"新建"对话框。

步骤2 在"名称"文本框中输入"金属按钮"，宽度和高度均设置为"400像素"，分辨率为"72像素/英寸"，其他参数保持默认设置，单击 确定 按钮，新建一个图像文件，如图11-1所示。

图11-1　新建图像文件

步骤3 新建图层1，按【Alt+Delete】键将其填充为黑色。单击"样式"控制面板右侧的 ▼≡ 按钮，在弹出的菜单中选择"按钮"命令，在弹出的提示对话框中单击 [追加(A)] 按钮，载入"按钮"样式组，如图11-2所示。

步骤4 在"样式"控制面板中单击载入的"铆钉"按钮，为图层1添加图层样式，如图11-3所示。

图11-2　载入"按钮"样式组　　　　　　图11-3　添加"铆钉"图层样式

步骤5 选择矩形选框工具 ，在图像文件窗口上方绘制长条矩形选区，按【Ctrl+J】键新建图层2，如图11-4所示。

步骤6 选择椭圆选框工具 ，按住【Shift】键，在图像文件窗口左下方绘制圆形选区。单击"图层"控制面板底部的"创建新图层"按钮 ，新建图层3，按【Alt+Delete】键将其填充为黑色。

步骤7 在"样式"控制面板中单击载入的"红色渐变线条"按钮，为图层3添加图层样式。按【Ctrl+D】键取消选区，如图11-5所示。

步骤8 在"图层"控制面板中将图层3拖动至"创建新图层"按钮 上，复制生成图层3副本。选择移动工具 ，将其移至图像文件窗口下方，如图11-6所示。

步骤9 双击图层3副本效果栏中的颜色叠加效果，弹出"图层样式"对话框，设置叠加颜色为"绿色"，单击 [确定] 按钮，如图11-7所示。返回图像文件窗口，此时即可看到改变叠加颜色后的效果，如图11-8所示。

步骤10 按照步骤8和步骤9的方法，复制生成图层3副本2，将其移至图像文件窗口右下方，并设置叠加颜色为"蓝色"，最终效果如图11-9所示。

一学就会魔法书

图11-4　绘制选区并新建图层　图11-5　添加"红色渐变线条"图层样式　图11-6　复制和移动图层3副本

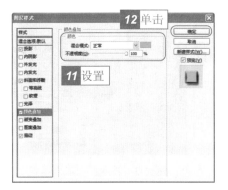

图11-7　设置颜色叠加　　　图11-8　改变叠加颜色后的效果　　　图11-9　最终效果

魔法档案

　　在"样式"控制面板中单击右侧的▼ 按钮，在弹出的菜单中选择"复位样式"命令，然后在弹出的提示框中单击 确定 按钮，即可恢复为默认的样式组。

第12例　梦幻相片效果

素　材：\素材\第1章\梦幻相片.jpg
源文件：\源文件\第1章\梦幻相片.psd

知 识 要 点	制 作 要 领
★ "高斯模糊"滤镜	★ "高斯模糊"滤镜
★ 调整色彩平衡	★ 图层蒙版
★ 调整色相和饱和度	★ 擦除图像
★ 图层蒙版	
★ 擦除图像	

 步骤讲解

步骤1 打开如图12-1所示的"梦幻相片.jpg"图像文件，新建背景副本图层。

步骤2 选择【滤镜】/【模糊】/【高斯模糊】命令，弹出"高斯模糊"对话框，设置半径为"4像素"，单击 确定 按钮，如图12-2所示。

步骤3 在"图层"控制面板中设置背景图层的混合模式为"叠加"，如图12-3所示。

图12-1　打开图像文件　　　　图12-2　设置高斯模糊　　　　图12-3　设置图层混合模式

步骤4 按【Shift+Ctrl+Alt+E】键盖印可见图层，自动生成图层1。

步骤5 选择【图像】/【调整】/【色彩平衡】命令，弹出"色彩平衡"对话框。选中◉中间调(D)单选按钮，设置色阶为"-40、40、40"。

步骤6 选中◉高光(H)单选按钮，设置色阶为"40、-40、-40"；选中◉阴影(S)单选按钮，设置"色阶"为"30、-30、50"，单击 确定 按钮，如图12-4所示。

步骤7 返回图像文件窗口，即可看到调整色彩平衡后的效果，如图12-5所示。

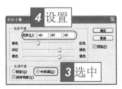
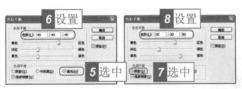

图12-4　设置色彩平衡　　　　　　　　　图12-5　调整色彩平衡后的效果

步骤8 按【Ctrl+J】键复制生成图层1副本。选择【图像】/【调整】/【色相/饱和度】命令，弹出"色相/饱和度"对话框，选中☑着色(O)复选框，设置色相、饱和度和明度分别为"320、50、0"，单击 确定 按钮，如图12-6所示。

步骤9 单击"图层"控制面板底部的"添加图层蒙版"按钮◻，添加图层蒙版，设置图层1副本的不透明度为85%。

一学就会魔法书

步骤10 单击图层1副本的缩略图，在工具箱中选择橡皮擦工具 ，在属性栏中设置画笔类型为"柔角200像素"，不透明度为70%，流量为50%，在图像文件窗口中擦除部分图像，最终效果如图12-7所示。

图12-6　调整色相和饱和度　　　　　　　　　图12-7　最终效果

第13例　海底气泡

素　材：\素材\第1章\珊瑚礁.jpg
源文件：\源文件\第1章\海底气泡.psd

知识要点
★ "镜头光晕"滤镜
★ "极坐标"滤镜
★ 复制和调整图像
★ 图层混合模式
★ 调整亮度和对比度

制作要领
★ "极坐标"滤镜
★ 复制和调整图像

步骤讲解

步骤1 新建大小为"8厘米×8厘米"，分辨率为"180像素/英寸"的图像文件。新建图层1，按【Alt+Delete】键将其填充为黑色。

步骤2 选择【滤镜】/【渲染】/【镜头光晕】命令，弹出"镜头光晕"对话框，设置亮度为110%，选中 50-300 毫米变焦(Z)单选按钮，将光晕定位于图像左上方，单击 确定 按钮，如图13-1所示。

步骤3 选择【滤镜】/【扭曲】/【极坐标】命令，在弹出的"极坐标"对话框中选中 极坐标到平面坐标(P)单选按钮，单击 确定 按钮，如图13-2所示。

步骤4 选择【编辑】/【变换】/【垂直翻转】命令，将图像垂直翻转。

图13-1　设置镜头光晕 　　　　　　　　　　　图13-2　设置极坐标

步骤5　选择【滤镜】/【扭曲】/【极坐标】命令，在弹出的"极坐标"对话框中选中⊙ **平面坐标到极坐标(R)** 单选按钮，单击 ▭**确定** 按钮，如图13-3所示。

步骤6　选择椭圆选框工具○，在属性栏中设置羽化为6px，按住【Shift】键，绘制如图13-4所示的圆形选区。

图13-3　设置极坐标 　　　　　　　　　　　图13-4　绘制圆形选区

步骤7　打开"珊瑚礁.jpg"图像文件。使用移动工具▸⊕将刚才绘制的选区内的图像拖动至"珊瑚礁.jpg"图像文件窗口中，生成图层1，设置其图层混合模式为"滤色"。

步骤8　按【Ctrl+T】键，打开大小调节框，调节图层1的大小和位置，如图13-5所示，然后按【Ctrl+Enter】键确认。

步骤9　选择【图像】/【调整】/【亮度/对比度】命令，弹出"亮度/对比度"对话框。设置亮度和对比度分别为"30、-20"，单击 ▭**确定** 按钮，如图13-6所示。

步骤10　多次按【Ctrl+J】键，复制多个图层1，调整其大小和位置，最终效果如图13-7所示。

图13-5　调节大小和位置 　　　　图13-6　调整亮度和对比度 　　　　图13-7　最终效果

第14例　扭曲光影

素材：无
源文件：\源文件\第1章\扭曲光影.psd

知识要点
★ "镜头光晕"滤镜
★ "铜版雕刻"滤镜
★ "径向模糊"滤镜
★ "波浪"滤镜

制作要领
★ "径向模糊"滤镜
★ "波浪"滤镜

 步骤讲解

步骤1 新建大小为"8厘米×8厘米"，分辨率为"180像素/英寸"的图像文件。按【Alt+Delete】键将背景图层填充为黑色。

步骤2 选择【滤镜】/【渲染】/【镜头光晕】命令，弹出"镜头光晕"对话框。设置亮度为100%，选中⊙50-300 毫米变焦(Z)单选按钮，将光晕定位于图像正中，单击 确定 按钮，如图14-1所示。

步骤3 按相同方法，在图像中添加其余镜头光晕效果，如图14-2所示。

步骤4 选择【滤镜】/【像素化】/【铜版雕刻】命令，弹出"铜版雕刻"对话框，设置类型为"中长直线"，单击 确定 按钮，如图14-3所示。

　　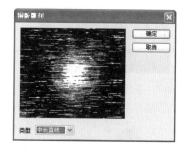

图14-1　设置镜头光晕　　　图14-2　添加其余镜头光晕效果　　　图14-3　"铜版雕刻"对话框

步骤5 选择【滤镜】/【模糊】/【径向模糊】命令，弹出"径向模糊"对话框，设置数量为100，选中⊙缩放(Z)和⊙最好(B)单选按钮，单击 确定 按钮，如图14-4所示。

步骤6 按【Alt+Delete】键，重复应用"径向模糊"滤镜，如图14-5所示。

步骤7 按【Ctrl+J】键复制生成图层1。选择【滤镜】/【扭曲】/【旋转扭曲】命令，弹出"旋转扭曲"对话框，设置角度为"360度"，单击 确定 按钮，如图14-6所示。设置图层1的图层混合模式为"滤色"。

图14-4 "径向模糊"对话框　　图14-5 重复应用"径向模糊"滤镜　　图14-6 "旋转扭曲"对话框

步骤8 按【Ctrl+J】键复制生成图层1副本，按照步骤7的方法，对其应用"旋转扭曲"滤镜，设置角度为"-720度"，效果如图14-7所示。

步骤9 选择【滤镜】/【扭曲】/【波浪】命令，弹出"波浪"对话框，设置生成器数为3，最小和最大波长分别为"60、150"，最小和最大波幅分别为"10、50"，单击 确定 按钮，如图14-8所示。

步骤10 按【Shift+Ctrl+Alt+E】键盖印可见图层，生成图层2。

步骤11 选择【图像】/【调整】/【色相/饱和度】命令，弹出"色相/饱和度"对话框，设置色相、饱和度和明度分别为"-130、50、0"，单击 确定 按钮。

步骤12 设置图层2的图层混合模式为"滤色"，最终效果如图14-9所示。

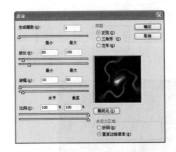

图14-7 应用"旋转扭曲"滤镜　　图14-8 "波浪"对话框　　图14-9 最终效果

魔法师，如果每次都通过对话框应用相同的滤镜效果，会显得非常麻烦，有没有什么快捷的方法呢？

当然有了！按【Ctrl+F】键，即可重复应用上一次设置的滤镜效果。

一学就会魔法书

第15例 壁画效果

素　材：\素材\第1章\帆船.jpg
源文件：\源文件\第1章\壁画效果.psd

知识要点　　　　　　　　制作要领

★ "绘画笔"滤镜　　　　★ "绘画笔"滤镜
★ "绘画涂抹"滤镜　　　★ "绘画涂抹"滤镜
★ 图层混合模式
★ 图层不透明度
★ 直排文字工具

 步骤讲解

步骤1 打开"帆船.jpg"图像文件，按【Ctrl+J】键复制生成图层1。

步骤2 选择【滤镜】/【素描】/【绘图笔】命令，弹出"绘图笔"对话框，在其右侧空格中设置描边长度为15，明/暗平衡为50，描边方向为"左对角线"，单击 确定 按钮，如图15-1所示。

步骤3 在"图层"控制面板中设置图层1的图层混合模式为"正片叠底"，不透明度为70%，效果如图15-2所示。

图15-1　"绘图笔"对话框

图15-2　设置图层混合模式和不透明度

步骤4 选择背景图层，按【Ctrl+J】键复制生成背景副本图层。

步骤5 选择【滤镜】/【艺术效果】/【绘画涂抹】命令，弹出"绘画涂抹"对话框，在其右侧空格中设置画笔大小为20，锐化程度为3，画笔类型为"简单"，单击 确定 按钮，如图15-3所示。

步骤6 设置背景副本图层的不透明度为80%，效果如图15-4所示。

图15-3　"绘画涂抹"对话框

图15-4　设置图层不透明度后的效果

步骤7　选择图层1，单击"图层"控制面板底部的"创建新图层"按钮 ，新建图层2，使用矩形选框工具 绘制一个比图像尺寸稍小的矩形选区。

步骤8　按【Shift+Ctrl+I】键反选选区，按【Ctrl+Delete】键将其填充为白色，如图15-5所示。

步骤9　在"样式"列表框中选择"雕刻天空（文字）"样式 ，为图层2添加图层样式。设置图层2的不透明度为70%，按【Ctrl+D】键取消选区，如图15-6 所示。

图15-5　绘制和填充选区

图15-6　应用图层样式并调整不透明度

步骤10　在工具箱中选择直排文字工具 ，在属性栏中设置字体格式为"方正行楷简体、72点、橙黄色（ff825a）"，在图像右上方输入文本"一帆风顺"，最终效果如图15-7所示。

图15-7　最终效果

魔法档案

　　选择【滤镜】/【滤镜库】命令，可打开"滤镜库"对话框，其中包含了扭曲、画笔描边、素描、纹理、艺术效果和风格化6组滤镜。单击列表框中的滤镜组名称，将显示其中包含的滤镜的缩略图；单击相应的滤镜缩略图，将在对话框左侧的预览框中显示应用该滤镜的效果，并在对话框右侧显示相应的参数设置选项。

第16例　融化效果

素　材：\素材\第1章\冰淇淋.jpg
源文件：\源文件\第1章\冰淇淋.psd

知 识 要 点	制 作 要 领
★ "液化"滤镜	★ "液化"滤镜
★ "特殊模糊"滤镜	★ "特殊模糊"滤镜
★ 加深工具	

 步骤讲解

步骤1 打开"冰淇淋.jpg"图像文件，在工具箱中选择快速选择工具，在右侧的冰淇淋球上拖动绘制选区。按【Ctrl+Alt+D】键，弹出"羽化选区"对话框，设置羽化半径为"5像素"，单击 确定 按钮，如图16-1所示。

步骤2 按【Ctrl+J】键复制生成图层1。选择【滤镜】/【液化】命令，弹出"液化"对话框。单击该对话框左侧工具栏中的"向前变形工具"按钮，设置画笔大小、画笔密度和画笔压力分别为"50、50、100"。

步骤3 从冰淇淋球上部垂直向下拖动，对图像进行变形，单击 确定 按钮，如图16-2所示。返回图像文件窗口，即可看到液化后的效果，如图16-3所示。

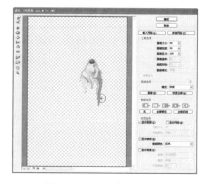

图16-1　创建和羽化选区　　　　图16-2　"液化"对话框　　　　图16-3　液化后的效果

步骤4 按【Ctrl+J】键复制生成图层1副本。选择【滤镜】/【模糊】/【特殊模糊】

命令，弹出"特殊模糊"对话框，设置半径和阈值分别为"10、30"，设置品质为"高"，单击 [确定] 按钮，如图16-4所示。

步骤5 设置图层1副本的图层混合模式为"柔光"，不透明度为50%。

步骤6 在工具箱中选择加深工具 🖑，在属性栏中设置"画笔类型"为"柔角30像素"，范围为"中间调"，曝光度为50%，在冰淇淋球上进行涂抹，如图16-5所示。

步骤7 按照步骤1~6的方法对左侧的冰淇淋球进行编辑，最终效果如图16-6所示。

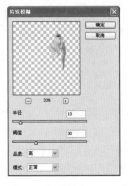
图16-4 "特殊模糊"对话框

图16-5 涂抹加深

图16-6 最终效果

第17例 漩涡效果

素　材：无
源文件：\源文件\第1章\漩涡效果.psd

知 识 要 点	制 作 要 领
★ 渐变工具	★ 渐变工具
★ "波浪"滤镜	★ "波浪"滤镜
★ "极坐标"滤镜	★ "挤压"滤镜
★ "挤压"滤镜	

步骤1 新建大小为"8厘米×8厘米"，分辨率为"180像素/英寸"的图像文件；新建图层1。

步骤2 在工具箱中选择渐变工具 ▉，在属性栏中设置渐变类型为"紫色、橙色"，单击"线性渐变"按钮，在图像文件窗口中由上向下填充渐变色，如图17-1所示。

步骤3 选择【滤镜】/【扭曲】/【波浪】命令，弹出"波浪"对话框。设置生成器数为10，波长为10和20，波幅为5和35，比例均为100%，选中⊙**方形(Q)**单选按钮，单击 确定 按钮，如图17-2所示。

步骤4 选择【滤镜】/【扭曲】/【极坐标】命令，弹出"极坐标"对话框，选中⊙**平面坐标到极坐标(R)**单选按钮，单击 确定 按钮，如图17-3所示。

 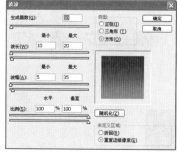 

图17-1 绘制渐变色　　　　图17-2 "波浪"对话框　　　　图17-3 "极坐标"对话框

步骤5 选择【图像】/【调整】/【色相/饱和度】命令，弹出"色相/饱和度"对话框，设置色相、饱和度和明度分别为"80、30、0"，单击 确定 按钮，如图17-4所示。

步骤6 按【Ctrl+J】键复制生成图层1副本图层。选择【滤镜】/【扭曲】/【旋转扭曲】命令，弹出"旋转扭曲"对话框，设置角度为"-90度"，单击 确定 按钮，如图17-5所示。设置图层1的图层混合模式为"深色"。

步骤7 按【Ctrl+J】键复制生成图层1副本2图层，按【Ctrl+F】键再次应用"旋转扭曲"滤镜，如图17-6所示。

图17-4 "色相/饱和度"对话框　　　图17-5 "旋转扭曲"对话框　　　图17-6 图层1副本2

步骤8 按【Shift+Ctrl+Alt+E】键盖印可见图层。选择【滤镜】/【扭曲】/【挤压】命令，弹出"挤压"对话框，设置数量为50%，单击 确定 按钮，如图17-7所示。

步骤9 返回图像文件窗口，最终效果如图17-8所示。

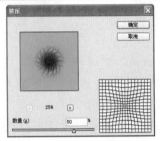
图17-7　"挤压"对话框

图17-8　最终效果

魔法档案
　　在"挤压"对话框的"数量"数值框中，正数表示向内凹陷，负数表示向外膨胀。

第18例　花朵灯晕

素　材：\素材\第1章\花朵灯晕.jpg
源文件：\源文件\第1章\花朵灯晕.psd

知识要点
★ 调整亮度和对比度
★ "镜头光晕"滤镜
★ 调整色彩平衡

制作要领
★ "镜头光晕"滤镜
★ 调整色彩平衡

 步骤讲解

步骤1 打开"花朵灯晕.jpg"图像文件，选择【图像】/【调整】/【亮度/对比度】命令，弹出"亮度/对比度"对话框，设置亮度和对比度分别为"-50、50"，单击 确定 按钮，如图18-1所示。

步骤2 选择【滤镜】/【渲染】/【镜头光晕】命令，弹出"镜头光晕"对话框，设置亮度为120%，选中⊙35 毫米聚焦(K)单选按钮，将镜头光晕定位于中间最上方的花蕊处，单击 确定 按钮，如图18-2所示。

步骤3 按步骤2的方法，为其他花蕊添加镜头光晕效果，如图18-3所示。

步骤4 选择【图像】/【调整】/【色彩平衡】命令，在弹出的"色彩平衡"对话框中选中⊙中间调(D)单选按钮，设置色阶为"50、-20、30"。

步骤5 选中⊙阴影(S)单选按钮，设置色阶为"-80、30、-20"，单击 确定 按钮，如图18-4所示。

步骤6 返回图像文件窗口，最终效果如图18-5所示。

图18-1 "亮度/对比度"对话框　　图18-2 设置镜头光晕　　图18-3 添加镜头光晕效果

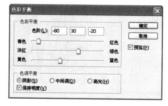

图18-4 调整色彩平衡　　　　　　　　　图18-5 最终效果

第19例 景深效果

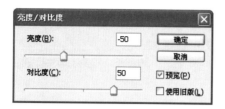

素　材：\素材\第1章\鹦鹉.jpg
源文件：\源文件\第1章\鹦鹉.psd

知识要点　　　　　　制作要领

★ "USM锐化"滤镜　　★ "USM锐化"滤镜
★ 绘制和羽化选区　　★ "高斯模糊"滤镜
★ "高斯模糊"滤镜

步骤讲解

步骤1 打开"鹦鹉.jpg"图像文件，按【Ctrl+J】键复制生成图层1，在"图层"控制面板中设置图层混合模式为"滤色"，不透明度为70%。

步骤2 选择【滤镜】/【锐化】/【USM锐化】命令，弹出"USM锐化"对话框，设置数量为50%，半径为"20像素"，阈值为"0色阶"，单击 确定 按钮，如图19-1所示。

步骤3 按【Shift+Ctrl+Alt+E】键盖印可见图层，自动生成图层2。使用椭圆选框工具◯绘制椭圆选区，按【Shift+Ctrl+I】键反选选区。

步骤4 按【Ctrl+Alt+D】键，弹出"羽化选区"对话框，设置羽化半径为"15像素"，单击 确定 按钮，如图19-2所示。

图19-1 设置USM锐化

图19-2 绘制并羽化选区

步骤5 选择【滤镜】/【模糊】/【高斯模糊】命令，弹出"高斯模糊"对话框，设置半径为"8像素"，单击 确定 按钮，如图19-3所示。按【Ctrl+D】键取消选区。

步骤6 使用快速选择工具✎，在鹦鹉图像上拖动绘制选区，按步骤4的方法设置选区的羽化半径为"8像素"，按【Shift+Ctrl+I】键反选选区，如图19-4所示。

图19-3 设置高斯模糊

图19-4 绘制并羽化选区

步骤7 选择【滤镜】/【模糊】/【高斯模糊】命令，弹出"高斯模糊"对话框，设置半径为"3像素"，单击 确定 按钮，如图19-5所示。

步骤8 按【Ctrl+D】键取消选区，最终效果如图19-6所示。

图19-5　设置高斯模糊　　　　　　　　　　　　　图19-6　最终效果

第20例　沙漠之舟

素　材：\素材\第1章\沙漠之舟.jpg
源文件：\源文件\第1章\沙漠之舟.psd

知识要点	制作要领
★ 创建和复制通道	★ 创建和复制通道
★ "扩散"滤镜	★ "光照效果"滤镜
★ 收缩选区	
★ "光照效果"滤镜	

 步骤讲解

步骤1　打开"沙漠之舟.jpg"图像文件，在工具箱中选择直排文字工具 T，在属性栏中设置其字体格式为"方正舒体简体、130点、黑色"，输入文本"沙漠之舟"，如图20-1所示。

步骤2　按住【Ctrl】键，单击文字图层的缩略图，选择该选区。

步骤3　选择【选择】/【存储选区】命令，弹出"存储选区"对话框，在"名称"文本框中输入"沙漠之舟"，其他选项保持默认设置不变，单击 确定 按钮，如图20-2所示，生成"沙漠之舟"通道。

步骤4　在"通道"控制面板中，拖动"沙漠之舟"通道至该控制面板下方的"创建新通道"按钮 上，复制生成"沙漠之舟副本"通道，如图20-3所示。按【Ctrl+D】键取消选区。

图20-1　输入文本

图20-2　"存储选区"对话框

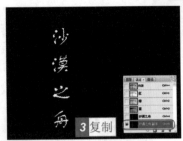

图20-3　复制生成通道

步骤5 选择【滤镜】/【模糊】/【高斯模糊】命令，弹出"高斯模糊"对话框，设置半径为"3像素"，单击 **确定** 按钮，如图20-4所示。

步骤6 选择【滤镜】/【风格化】/【扩散】命令，弹出"扩散"对话框，选中 ⊙**正常(N)** 单选按钮，单击 **确定** 按钮，如图20-5所示。按住【Ctrl】键，单击"沙漠之舟"通道的缩略图，选择该选区。

步骤7 选择【选择】/【修改】/【收缩】命令，弹出"收缩选区"对话框，设置收缩量为"1像素"，单击 **确定** 按钮，如图20-6所示。

图20-4　设置高斯模糊

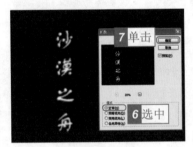

图20-5　设置扩散

图20-6　"收缩选区"对话框

步骤8 按【Ctrl+Alt+D】键，弹出"羽化选区"对话框，设置羽化半径为"1像素"，单击 **确定** 按钮，如图20-7所示。

步骤9 按【Delete】键删除选区内容，按【Ctrl+D】键取消选区，如图20-8所示。

步骤10 在"图层"控制面板中选择背景图层，单击文字图层缩略图左侧的"指示图层可见性"按钮 ，隐藏该图层。

图20-7　"羽化选区"对话框

图20-8　取消选区

魔法档案

隐藏图层后，"指示图层可见性"按钮 将变为 样式。再次单击它，即可重新显示被隐藏的图层。

步骤11 选择【滤镜】/【渲染】/【光照效果】命令，弹出"光照效果"对话框，设置光照类型为"平行光"，光照颜色为"浅黄色（ffe6c8）"。

步骤12 设置纹理通道为"沙漠之舟 副本"，高度为21，在左侧预览框中调整光照的位置，单击 确定 按钮，如图20-9所示。

步骤13 按住【Ctrl】键单击文字图层缩略图，选择该选区。按照步骤7和步骤8的方法，设置选区的收缩量和羽化半径均为"1像素"。

步骤14 选择【图像】/【调整】/【亮度/对比度】命令，弹出"亮度/对比度"对话框，设置亮度和对比度分别为"-90、50"，单击 确定 按钮，如图20-10所示。按【Ctrl+D】键取消选区，最终效果如图20-11所示。

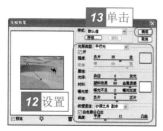
图20-9　"光照效果"对话框

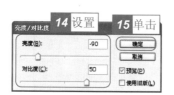
图20-10　"亮度/对比度"对话框

图20-11　最终效果

第21例　街 舞 图 片

素　材：\素材\第1章\街舞.jpg、素材.jpg
源文件：\源文件\第1章\街舞.psd

知 识 要 点	制 作 要 领
★ 魔棒工具	★ 魔棒工具的使用
★ 存储选区	★ 人物选区的创建
★ 载入选区	
★ 反选选区	

步 骤 讲 解

步骤1 打开"街舞.jpg"图像文件，选择工具箱中的魔棒工具，在属性栏中设置容差为20，选中 ☑ 连续 复选框；单击图像中的绿色背景，创建如图21-1所示的选区。按【Shift+Ctrl+I】键反选选区，创建人物选区。

步骤2 选择【选择】/【存储选区】命令，弹出"存储选区"对话框，设置名称为"人物"，单击 ▭确定▭ 按钮，如图21-2所示，生成人物通道。按【Ctrl+D】键取消选区。

步骤3 新建图层1，按【Alt+Delete】键将其填充为黑色。

步骤4 选择【选择】/【载入选区】命令，弹出"载入选区"对话框，设置通道为"人物"，单击 ▭确定▭ 按钮，如图21-3所示，载入人物选区。

图21-1　创建选区　　　　图21-2　"存储选区"对话框　　　　图21-3　"载入选区"对话框

步骤5 按【Shift+Ctrl+I】键反选选区，按【Delete】键删除选区内容，按【Ctrl+D】键取消选区，如图21-4所示。

步骤6 打开"素材.jpg"图像文件，选择工具箱中的魔棒工具，在属性栏中设置容差为20，取消选中□连续复选框；单击图像中的绿色背景创建选区；按【Shift+Ctrl+I】键反选选区，如图21-5所示。

步骤7 使用移动工具将选区内容拖动至"街舞"图像文件窗口中，并调整其位置，最终效果如图21-6所示。

图21-4　删除选区内容　　　　图21-5　创建选区　　　　图21-6　最终效果

第22例　冰镇饮料

素　材：\素材\第1章\冰块.jpg、饮料.jpg
源文件：\源文件\第1章\冰镇饮料.psd

知识要点
★ 调整图像
★ 隐藏和显示图层
★ "抽出"滤镜
★ 模糊工具

制作要领
★ 调整图像
★ "抽出"滤镜
★ 模糊工具的使用

步骤讲解

步骤1　打开"冰块.jpg"图像文件，按两次【Ctrl+J】键，复制生成图层1和图层1副本。打开"饮料.jpg"图像文件，将其拖动复制到"冰块.jpg"图像文件窗口中，并调整其位置，生成图层2。

步骤2　在"图层"控制面板中将图层2拖动至图层1的下方，单击图层1副本缩略图左侧的"指示图层可见性"按钮👁，对其进行隐藏，如图22-1所示。

步骤3　选择图层1，选择【滤镜】/【抽出】命令，弹出"抽出"对话框。单击"边缘高光器工具"按钮✐，设置画笔大小为100，选中☑**强制前景**复选框，设置该颜色为"白色"。

步骤4　将预览框中的冰块涂抹成绿色，单击 ▭确定 按钮，如图22-2所示。

图22-1　拖动和隐藏图层

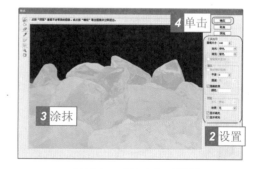

图22-2　"抽出"对话框

步骤5　选择并重新显示图层1副本，按照步骤3的方法，对其应用"抽出"滤镜，在其中设置强制前景的颜色为"黑色"。

步骤6 按【Ctrl+E】键向下合并图层为图层1，调整冰块图像的位置，如图22-3所示。

步骤7 按【Ctrl+J】键复制生成图层1副本，按【Ctrl+T】键打开自由变换调节框，等比例缩小冰块图像并移动至右边水杯的水面上，按【Enter】键确认操作，如图22-4所示。

图22-3　移动冰块位置　　　　　　　图22-4　复制和调整冰块图像

步骤8 在工具箱中选择模糊工具 ，在属性栏中设置画笔类型为"柔角65像素"，强度为100%，涂抹水面下方的冰块图像，如图22-5所示。

步骤9 按【Ctrl+J】键复制生成图层1副本2，将冰块图像移动至左边水杯的水面上，并调整其大小，按【Shift+Ctrl+E】键合并可见图层，最终效果如图22-6所示。

图22-5　使用模糊工具　　　　　　　图22-6　最终效果

"抽出"滤镜常用于在复杂的背景中抠选一部分图像，可以方便地清除多余的背景。

有了"抽出"滤镜这个好帮手，我就不必为抠选复杂图像伤脑筋了！

第23例　波 浪 相 框

素　材：\素材\第1章\威尼斯小艇.jpg
源文件：\源文件\第1章\波浪相框.psd

知 识 要 点	制 作 要 领
★ 快速蒙版	★ 快速蒙版
★ "波浪"滤镜	★ "波浪"滤镜
★ 应用图层样式	★ 应用图层样式
★ 收缩选区	
★ 垂直翻转图像	

 步 骤 讲 解

步骤1　打开"威尼斯小艇.jpg"图像文件，新建图层1。在工具箱中选择矩形选框工具，绘制比窗口略小的矩形选区。单击工具箱下方的"以快速蒙版模式编辑"按钮，进入快速蒙版模式，如图23-1所示。

步骤2　选择【滤镜】/【扭曲】/【波浪】命令，弹出"波浪"对话框，设置生成器数为1，波长为10和120，波幅为10和30，比例均为100%，单击 确定 按钮，如图23-2所示。

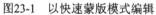

图23-1　以快速蒙版模式编辑

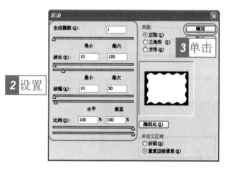

图23-2　"波浪"对话框

步骤3　单击"以标准模式编辑"按钮退出快速蒙版，以标准模式编辑图像。按【Shift+Ctrl+I】键将生成的波浪状选区反向，按【Alt+Delete】键将其填充为黑色，如图23-3所示。

步骤4　选择"样式"控制面板中的"蓝色玻璃（按钮）"选项，应用该图层样

式，如图23-4所示。

图23-3　反选并填充选区　　　　　　　　图23-4　应用图层样式

步骤5 选择【选择】/【修改】/【收缩】命令，弹出"收缩选区"对话框，设置收缩量为"7像素"，单击 确定 按钮，如图23-5所示。

步骤6 按【Ctrl+J】键复制生成图层2，选择【编辑】/【变换】/【垂直翻转】命令，将图像垂直翻转，最终效果如图23-6所示。

图23-5　"收缩选区"对话框　　　　　　图23-6　最终效果

第24例　浮雕装饰

素　材：无
源文件：\源文件\第1章\浮雕装饰.psd

知识要点	制作要领
★ 自定形状工具	★ 自定形状工具
★ 创建和复制通道	★ 存储和载入选区
★ 存储和载入选区	★ "光照效果"滤镜
★ "光照效果"滤镜	

步骤1 新建一个大小为"10厘米×10厘米"，分辨率为"180像素/英寸"，背景色为"白色"的图像文件，并命名为"浮雕装饰"。

步骤2 选择工具箱中的自定形状工具，默认选中属性栏中的"形状图层"按钮，在"形状"下拉列表框中选择"红桃"选项♥，如图24-1所示。

步骤3 按住【Shift】键在图像窗口中绘制选择的形状，生成形状1图层，如图24-2所示。

图24-1 选择形状

图24-2 绘制形状

步骤4 按住【Ctrl】键，单击形状1图层的缩略图，载入形状选区。选择【选择】/【存储选区】命令，弹出"存储选区"对话框，设置名称为"红桃"，单击 确定 按钮，如图24-3所示。

步骤5 在"通道"控制面板中单击"红桃"通道，选择【滤镜】/【模糊】/【高斯模糊】命令，弹出"高斯模糊"对话框，设置半径为"10像素"，单击 确定 按钮，如图24-4所示。

图24-3 "存储选区"对话框

图24-4 "高斯模糊"对话框

步骤6 拖动"红桃"通道至"通道"控制面板下方的"创建新通道"按钮，分别复制生成"红桃副本"通道和"红桃副本2"通道，如图24-5所示。

步骤7 选择"红桃副本"通道，选择【滤镜】/【其他】/【最小值】命令，弹出"最小值"对话框，设置半径为"10像素"，单击 确定 按钮，如

图24-6所示。

步骤8 选择"红桃副本2"通道，选择【滤镜】/【其他】/【最大值】命令，弹出"最大值"对话框，设置半径为"10像素"，单击 确定 按钮，如图24-7所示。

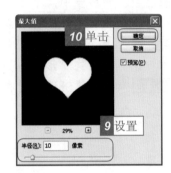

图24-5 复制通道　　图24-6 "最小值"对话框　　图24-7 "最大值"对话框

步骤9 按住【Ctrl】键，单击"红桃"通道的缩略图载入选区。按【Alt+Delete】键填充前景色为黑色，按【Ctrl+D】键取消选区。

步骤10 按住【Ctrl】键，单击"红桃副本"通道的缩略图载入选区。按【Ctrl+Delete】键填充背景色为白色，按【Ctrl+D】键取消选区。

步骤11 在"图层"控制面板中隐藏形状1图层，并选择背景图层。

步骤12 选择【滤镜】/【渲染】/【光照效果】命令，弹出"光照效果"对话框，设置"光照类型"为"点光"，光照颜色为"浅紫色（ff64ff）"，纹理通道为"红桃 副本2"，单击 确定 按钮，如图24-8所示。

步骤13 返回图像文件窗口，最终效果如图24-9所示。

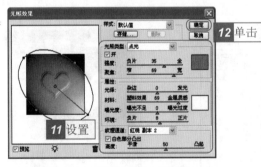
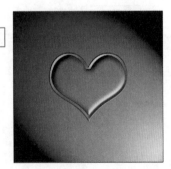

图24-8 "光照效果"对话框　　　　图24-9 最终效果

魔法档案

在自定形状工具的属性栏中单击"样式"按钮 ，可以在弹出的下拉列表框中选择需要应用的图层样式，默认为不应用图层样式；单击"颜色"按钮 ，可以在弹出的"拾色器"对话框中设置形状的填充颜色，默认为前景色。

第25例　亮 光 效 果

素　材：\素材\第1章\篮球.jpg
源文件：\源文件\第1章\篮球.psd

知 识 要 点	制 作 要 领
★ 创建和反选选区	★ 渐变叠加
★ 渐变叠加	★ "扩散亮光"滤镜
★ 盖印可见图层	
★ "扩散亮光"滤镜	

步骤1　打开"篮球.jpg"图像文件，使用快速选择工具　创建篮球图像选区，按
　　　　【Shift+Ctrl+I】键反选选区，如图25-1所示。

步骤2　按【Ctrl+J】键复制生成图层1，如图25-2所示。

图25-1　创建和反选选区　　　　　　　　图25-2　复制生成图层1

步骤3　选择【图层】/【图层样式】/【渐变叠加】命令，弹出"图层样式"对话
　　　　框，设置混合模式为"色相"，渐变为"色谱"，单击　确定　按钮，如
　　　　图25-3所示。返回图像文件窗口，效果如图25-4所示。

步骤4　按【Shift+Ctrl+Alt+E】键盖印可见图层，生成图层2。选择【滤镜】/【扭
　　　　曲】/【扩散亮光】命令，弹出"扩散亮光"对话框。设置粒度、发光量和
　　　　清除数量分别为"0、5、20"，单击　确定　按钮，如图25-5所示。

步骤5　返回图像文件窗口，最终效果如图25-6所示。

图25-3　设置渐变叠加

图25-4　应用图层样式

图25-5　"扩散亮光"对话框

图25-6　最终效果

第26例　旋 转 画 布

素　材：\素材\第1章\女孩.jpg
源文件：\源文件\第1章\女孩.psd

知 识 要 点	制 作 要 领
★ 羽化选区	★ 旋转画布
★ 画笔工具	★ 使用裁剪工具

 步 骤 讲 解

步骤1　打开如图26-1所示的"女孩.jpg"图像文件。

46

步骤2 选择【图像】/【旋转画布】/【任意角度】命令，弹出"旋转画布"对话框，选中●度(逆时针)(W)单选按钮，设置角度为10，单击 确定 按钮，如图26-2所示。

图26-1 打开图像文件　　　　　　　　　图26-2 旋转画布

步骤3 选择椭圆选框工具◯，创建如图26-3所示的选区。

步骤4 按【Ctrl+Alt+D】键，弹出"羽化选区"对话框，设置羽化半径为"20像素"，单击 确定 按钮，如图26-4所示。

图26-3 创建椭圆选区　　　　　　　　　图26-4 "羽化选区"对话框

步骤5 按【Shift+Ctrl+I】键反选选区，按【Delete】键清除选区内容，按【Ctrl+D】键取消选区，如图26-5所示。

步骤6 选择裁剪工具口，对图像进行裁剪，如图26-6所示。

步骤7 设置前景色为"暗红色（dc3232）"。

步骤8 选择画笔工具 ，在属性栏中设置画笔类型为"散布枫叶74像素"，如图26-7所示。

步骤9 在图像中任意位置单击，绘制枫叶图像，最终效果如图26-8所示。

图26-5　清除选区内容　　　　　　　　　　　图26-6　裁剪图像

图26-7　设置画笔类型　　　　　　　　　　　图26-8　最终效果

 过 关 练 习

　　打开"时尚女性.jpg"图像文件（光盘:\素材\第1章\时尚女性.jpg），制作如下图所示的图像效果（光盘:\源文件\第1章\练习.psd）。

提示：

❖ 创建衣服图像选区，调整色彩平衡、
　　亮度和对比度。

❖ 创建人物图像选区，反选选区并复
　　制生成图层1，将背景图层填充为粉
　　红色。

❖ 对背景图层综合应用"镜头光晕"、
　　"波浪"和"晶格化"滤镜。

❖ 输入文本。

练习

第2章

图像的绘制与修饰

多媒体教学演示：50分钟

原来用Photoshop绘制图像的方法有这么多啊，我要好好学习。

小魔女： 魔法师，我们这一节课是讲图像的绘制与修饰吗？

魔法师： 是的，看来你提前预习功课了啊！

小魔女： 嗯，可是我有几个地方还是没办法操作下去，该怎么办呢？

魔法师： 哦？你的问题是什么？

小魔女： 您看，我都记下来了。

魔法师： 嗯，记得很详细，这些问题我们在课堂上会讲到的，你要认真听哦。

小魔女： 好的。

第27例　绘制装饰图形

素　材：\素材\第2章\装饰线条.psd
源文件：\源文件\第2章\装饰线条.psd

知 识 要 点	制 作 要 领
★ 新建图层 ★ 绘制椭圆形选区 ★ 设置前景色 ★ 填充选区	★ 通过"前景色"颜色框设置前景色

 步骤讲解

步骤1　打开"装饰线条.psd"图像文件。

步骤2　单击"图层"控制面板底部的"创建新图层"按钮，新建图层1，如图27-1所示。

步骤3　在工具箱中选择椭圆选框工具，然后在属性栏的"羽化"文本框中输入"15px"。

步骤4　在图像窗口底部绘制椭圆形选区，如图27-2所示。

图27-1　新建图层

图27-2　选择工具

步骤5　在工具箱中单击"前景色"颜色框，然后在打开的"拾色器（前景色）"对话框中选择"蓝色（R46，G184，B248）"，接着单击　确定　按钮，如图27-3所示。

步骤6　按【Alt+Delete】键，用步骤5中设置的前景色填充选区，效果如图27-4
所示。

步骤7　按【Ctrl+D】键取消选区，完成填充当前选区的操作。

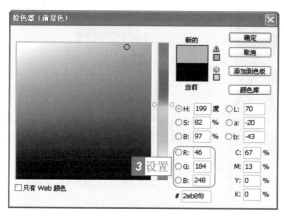

图27-3　选择颜色

图27-4　填充选区

魔法档案

　　在步骤3的"羽化"文本框中设置15像素大小的羽化值，这样在填充颜色时将不是默认的铺满颜色，而是在选区中模拟出一种由中间向四周放射的过渡色。

步骤8　按照前面的方法在图片右上角绘制一个选区，接着用前景色填充选区，如
图27-5所示，然后按【Ctrl+D】键取消选区。

步骤9　继续在图片中绘制两个蓝色椭圆形，如图27-6所示。

图27-5　绘制图形

图27-6　完成绘制后的图片

步骤10　单击文字图层，将其拖动到图片左下角的蓝色椭圆上，如图27-7所示。

一学就会魔法书

步骤11 单击"图层"控制面板中的"添加图层样式"按钮 **fx**，在弹出的下拉菜单中选择"外发光"命令，如图27-8所示。

图27-7 拖动文字 图27-8 选择命令

步骤12 在"图层样式"对话框中设置参数，单击 确定 按钮，如图27-9所示。

步骤13 得到的最终效果如图27-10所示。

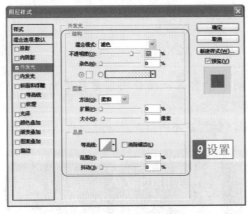

图27-9 设置图层样式 图27-10 最终效果

第 28 例 绘制放射线条

素　材：\素材\第2章\放射.psd
源文件：\源文件\第2章\放射.psd

知 识 要 点	制 作 要 领
★ 新建图层 ★ 创建多边形选区 ★ 填充选区 ★ 设置图层不透明度	★ 使用"多边形套索"工具创建多边形选区

 步骤讲解

步骤1 打开"放射.psd"图像文件，在工具箱中选择椭圆选框工具 ◯，然后在属性栏的"羽化"文本框中输入"15px"。

步骤2 在图像窗口中绘制如图28-1所示的椭圆形选区。

步骤3 选择【选择】/【反向】命令反选选区，然后按【Ctrl+J】键，为当前选区中的图像新建一个图层，如图28-2所示。

图28-1　绘制椭圆选区

图28-2　新建图层

步骤4 在工具箱中单击"前景色"颜色框，然后在打开的"拾色器（前景色）"对话框中选择"橘红色（R255，G162，B58）"，单击 确定 按钮，如图28-3所示。

步骤5 选择椭圆选框工具 ◯，在新建的图层中绘制一个椭圆形选区。

步骤6 在工具箱中选择多边形套索工具，在属性栏中单击"从选区减去"按钮，然后在原有选区的基础上创建放射状选区，如图28-4所示。

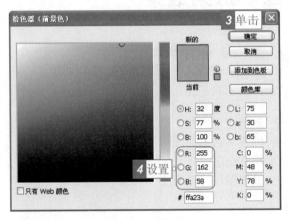

图28-3 设置颜色

图28-4 创建选区

步骤7 按【Alt+Delete】键，用步骤4中设置的前景色填充选区，如图28-5所示。

步骤8 在"图层"控制面板中的"不透明度"下拉列表框中输入"30%"，使该图层呈半透明显示，最终效果如图28-6所示。

图28-5 填充选区

图28-6 设置透明度

在步骤4中设置的前景色要与照片的主体颜色类似，使整个画面的颜色趋于一致。

哦，原来是根据图片的主体颜色来选择的颜色啊，我知道了。

第29例 填充图案

素　材：\素材\第2章\填充.psd
源文件：\源文件\第2章\填充.psd

知 识 要 点	制 作 要 领
★ 创建选区	★ 选择填充图案
★ 选择填充图案	
★ 填充选区	

步 骤 讲 解

步骤1 打开"填充.psd"图像文件，选择图层0，在工具箱中选择魔棒工具，并在属性栏中设置容差为10，然后单击图像窗口中上方的绿色区域，将该区域创建为选区，如图29-1所示。

步骤2 选择【编辑】/【填充】命令，弹出"填充"对话框，单击"使用"下拉列表框右侧的 按钮，在弹出的下拉列表中选择"图案"选项，如图29-2所示。

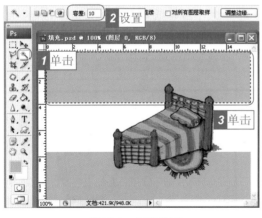

图29-1　创建选区

图29-2　选择"图案"选项

步骤3 单击"自定图案"下拉列表框，在弹出的下拉列表中单击 按钮，再在弹出的菜单中选择"彩色纸"命令，如图29-3所示。

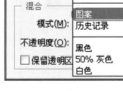

步骤4 在弹出的提示框中单击 [确定] 按钮，载入新图案。

步骤5 单击"自定图案"下拉列表框 ，在"图案"拾色器中双击"树叶图案纸"选项 ，如图29-4所示。

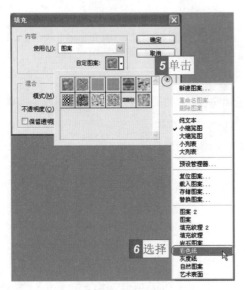

图29-3　选择图案

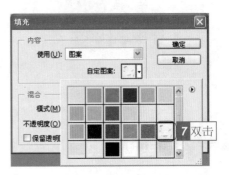

图29-4　选择选项

步骤6 在"不透明度"数值框中输入"20"，然后单击 [确定] 按钮，将选择的"树叶图案纸"图案以20%的不透明度对当前选区进行覆盖填充，如图29-5所示。

步骤7 按【Ctrl+D】键取消选区，然后选择中间的白色区域，再用"树叶图案纸"图案以80%的不透明度对选区进行覆盖填充，然后取消选区。

步骤8 选择下方的绿色区域创建选区，用"树叶图案纸"图案以80%的不透明度对选区进行覆盖填充，最终效果如图29-6所示。

图29-5　"填充"对话框

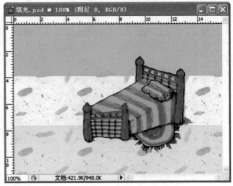

图29-6　最终效果

第30例 填充自定义图案

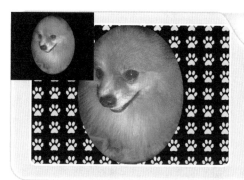

素　材：\素材\第2章\填充.jpg
源文件：\源文件\第2章\填充.jpg

知 识 要 点	制 作 要 领
★ 新建图片文件	★ 绘制图案
★ 绘制图案	★ 保存图案
★ 保存图案	
★ 填充图案	

 步骤讲解

步骤1 选择【文件】/【新建】命令，在弹出的"新建"对话框中设置宽度和高度均为"64像素"，背景内容为"透明"，单击 确定 按钮新建图像文件，如图30-1所示。

步骤2 选择"黄色（R255，G255，B0）"为前景色，然后选择工具箱中的自定形状工具 ，在属性栏中单击"形状"下拉列表框→，在弹出的下拉列表中选择"爪印（猫）"选项 🐾，如图30-2所示。

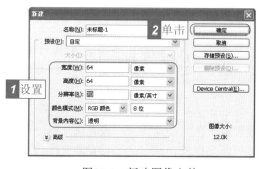

图30-1　新建图像文件

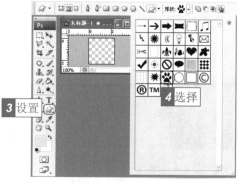

图30-2　选择图案

步骤3 在图像中绘制图案，如图30-3所示。

步骤4 选择【编辑】/【定义图案】命令，弹出"图案名称"对话框，在"名称"文本框中输入"爪印"，单击 确定 按钮，如图30-4所示。然后关闭图像文件"未标题－1"。

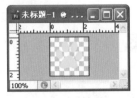

图30-3　绘制图案

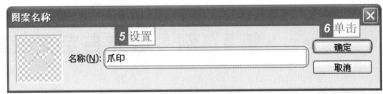

图30-4　输入名称

步骤5 打开"填充.jpg"图像文件，在工具箱中选择魔棒工具，然后单击图像窗口中的黑色区域，为该区域创建选区，如图30-5所示。

步骤6 选择【编辑】/【填充】命令，在弹出的"填充"对话框中选择"爪印"图案，然后单击 确定 按钮填充图案，最后按【Ctrl+D】键取消选区，最终效果如图30-6所示。

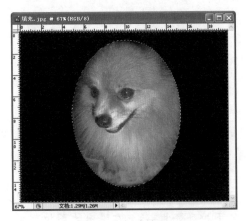

图30-5　创建选区

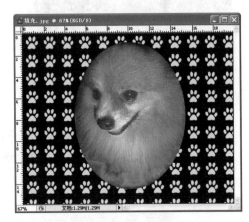

图30-6　最终效果

第31例　线性渐变填充

素　材：\素材\第2章\渐变1.jpg
源文件：\源文件\第2章\渐变1.jpg

知识要点	制作要领
★ 设置前景色	★ 设置选项栏
★ 选择渐变样式	★ 设置渐变样式
★ 设置选项栏	
★ 设置渐变样式	

步骤1 打开"渐变1.jpg"图像文件。

步骤2 设置前景色为"红色（R255，G72，B0）"，单击 确定 按钮，如图31-1所示。

步骤3 在工具箱中选择渐变工具■，单击属性栏中的▼按钮，在弹出的"渐变"拾色器中选择"前景到透明"选项■，如图31-2所示。

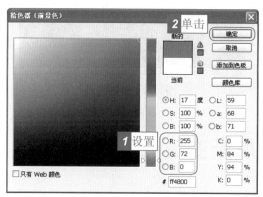

图31-1　设置前景色

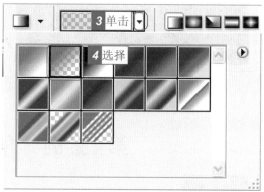

图31-2　选择渐变色

步骤4 单击属性栏中的"线性渐变"按钮■，设置模式为"正片叠底"，不透明度为30%，其余选项保持默认设置，如图31-3所示。

图31-3　设置属性栏

为什么要这样设置属性栏呢？

将"模式"设置为"正片叠底"，"不透明度"设置为30%是为了在绘制渐变效果之后为原图像保留更多的细节。

步骤5　在图像中部偏左单击，然后向斜上方拖动，设置渐变效果，如图31-4所示。

步骤6　到适当位置后释放鼠标左键，完成渐变设置，最终效果如图31-5所示。

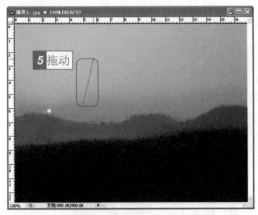

图31-4　设置渐变效果　　　　　　　　　图31-5　最终效果

第32例　角度渐变填充

素　材：\素材\第2章\渐变2.jpg
源文件：\源文件\第2章\渐变2.jpg

知识要点　　　　　　制作要领

★ 设置前景色　　　★ 设置属性栏
★ 选择渐变样式　　★ 设置渐变样式
★ 设置属性栏
★ 设置渐变样式

 **步骤讲解**

步骤1　打开"渐变2.jpg"图像文件。

步骤2　打开"拾色器（前景色）"对话框，将前景色设置为"橘黄色（R249，G178，B95）"，单击 确定 按钮，如图32-1所示。

步骤3　在工具箱中选择渐变工具，然后单击属性栏中的 按钮，在弹出的"渐变"拾色器中选择"透明条纹"选项，如图32-2所示。

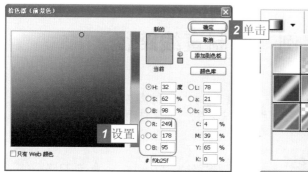

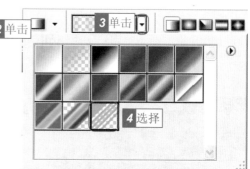

图32-1 设置前景色　　　　　　　　　图32-2 选择渐变色

步骤4 在属性栏中单击"角度渐变"按钮 ，将模式设置为"正常"，不透明度设置为40%，其余选项保持默认设置不变，如图32-3所示。

图32-3 设置属性栏

步骤5 在图像窗口中太阳所在的位置单击，然后向左下方拖动，如图32-4所示。

步骤6 拖动到适当位置后释放鼠标左键，完成渐变设置，最终效果如图32-5所示。

图32-4 设置渐变效果　　　　　　　　图32-5 最终效果

魔法档案

　　在步骤4中在太阳所在的位置单击并拖动鼠标是为了使渐变效果看起来像是从太阳放射出来的阳光。

第33例　绘制直线路径

素　材：\素材\第2章\直线.jpg
源文件：\源文件\第2章\直线.jpg

知识要点　　　　制作要领
★ 创建路径　　　★ 创建路径
★ 设置前景色
★ 填充路径

步骤讲解

步骤1 打开"直线.jpg"图像文件，在工具箱中选择钢笔工具，然后在属性栏中单击"路径"按钮，如图33-1所示。

图33-1　设置属性栏

步骤2 在图像窗口左下角单击，创建路径的前两个锚点，如图33-2所示。

步骤3 沿着石板缝隙继续创建锚点，最后在第一个锚点上单击，如图33-3所示。

图33-2　开始创建路径　　　图33-3　继续创建路径

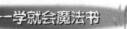

步骤4　路径自动封闭，设置前景色为"深灰色（R92，G89，B84）"。

步骤5　选择【窗口】/【路径】命令，打开"路径"控制面板，单击面板底部的"用前景色填充路径"按钮 ，使用前景色填充路径，如图33-4所示。

步骤6　图片的最终效果如图33-5所示。

图33-4　准备填充路径

图33-5　最终效果

为什么我看到有人在创建路径时要按住【Shift】键呢？

按住【Shift】键可以创建与前一个锚点角度呈90°或45°的路径。

第34例　调整路径

素　材：\素材\第2章\曲线.jpg

源文件：\源文件\第2章\曲线.jpg

知识要点	制作要领
★ 创建路径 ★ 设置前景色 ★ 填充路径 ★ 输入文本	★ 使用转换点工具 　 调整路径

 步骤讲解

步骤1 打开"曲线.jpg"图像文件，在工具箱中选择钢笔工具 ，然后在属性栏中单击"路径"按钮 。

步骤2 在图像窗口中的道路上单击，创建路径的第一个锚点，然后在右上方单击创建第2个锚点，如图34-1所示。

步骤3 继续创建锚点，最后回到第一个锚点上单击，路径自动封闭，如图34-2所示。

图34-1　开始创建路径　　　　　　　　　图34-2　继续创建路径

步骤4 右击工具箱中的钢笔工具 ，在弹出的快捷菜单中选择"转换点工具"命令，如图34-3所示。

步骤5 单击路径，然后在路径上拖动锚点上的手柄，对路径进行微调，使其与道路的边缘重合，如图34-4所示。

图34-3　准备转换路径　　　　　　　　　图34-4　调整路径

步骤6 将前景色设置为"深绿色（R73，G133，B60）"。

步骤7 选择【窗口】/【路径】命令打开"路径"面板，然后单击面板底部的"用前景色填充路径"按钮 ，使用深绿色填充路径。

步骤8 将前景色设置为"白色"，在工具箱中选择横排文字工具 T ，然后在属性栏中设置字体为"隶书"，字号为"30点"，如图34-5所示。

| T ▾ | ⫯T | 隶书 ⌄ | - ⌄ | ⫯T 30点 ⌄ | aₐ 锐利 ⌄ | ▤ ▤ ▤ | □ | ⫯ | ▤ |

图34-5 设置属性栏

步骤9 将鼠标移至路径中，当其变为 ⫯ 形状时单击，输入文字"住在 新泉鸣山房的日子里 每天 行走在自然之中"，如图34-6所示。

步骤10 在"路径"面板中删除"工作路径"，图片的最终效果如图34-7所示。

图34-6 输入文本

图34-7 最终效果

第35例 绘制形状路径

素 材：\素材\第2章\形状.jpg
源文件：\源文件\第2章\形状.jpg

知识要点
★ 创建路径
★ 设置前景色
★ 填充路径
★ 输入文本

制作要领
★ 选择画笔样式

 步骤讲解

步骤1 打开"形状.jpg"图像文件。

步骤2 在工具箱中选择钢笔工具，然后在属性栏中单击"路径"按钮，单击"圆角矩形工具"按钮，设置半径为2px，如图35-1所示。

图35-1 设置属性栏

步骤3 单击并拖动鼠标，在图像边缘位置创建一个圆角矩形状路径，然后将前景色设置为"深绿色（R73，G133，B60）"。

步骤4 在工具箱中选择画笔工具，然后在属性栏中设置画笔为"散布叶片"，如图35-2所示。

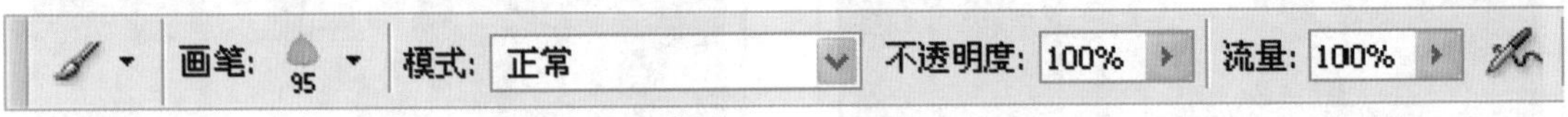

图35-2 设置画笔属性栏

步骤5 选择【窗口】/【路径】命令，打开"路径"面板，单击面板底部的"用画笔描边路径"按钮，如图35-3所示。

步骤6 使用上面选择的绿色前景色和画笔图案对路径进行描边，描边后的效果如图35-4所示。

图35-3 准备描边路径

图35-4 描边路径

步骤7 单击"路径"面板底部的"删除当前路径"按钮，在弹出的提示框中单击"是(Y)"按钮，最终效果如图35-5所示。

因为这里选择的画笔比较大，所以看起来并没有实现很细致的描边，如果选择较小的画笔，则将实现很精确的描边效果。

图35-5 最终效果

第36例 绘制自由路径

 素 材：\素材\第2章\自由路径.psd
源文件：\源文件\第2章\自由路径.psd

知 识 要 点	制 作 要 领
★ 创建自由路径	★ 创建自由路径
★ 设置前景色	
★ 描边路径	

 步骤讲解

步骤1 打开"自由路径.psd"图像文件，在工具箱中选择自由钢笔工具 ，然后在属性栏中单击"路径"按钮 ，如图36-1所示。

图36-1 设置属性栏

步骤2 选择图层1，在图像窗口中的玫瑰叶子的叶脉处绘制路径，如图36-2所示。

步骤3 继续在玫瑰叶子的叶脉的分支处绘制路径，如图36-3所示。

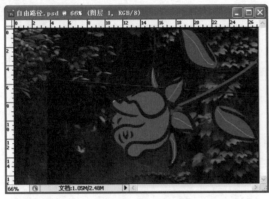

图36-2　开始绘制路径

图36-3　继续绘制路径

步骤4　在工具箱中选择直接选择工具🔍，在图像中对路径进行微调，使其线条更加符合真实叶脉的形状，然后将前景色设置为"绿色（R37，G216，B14）"。

步骤5　在工具箱中选择画笔工具✏️，将属性栏中的参数设置为如图36-4所示。

图36-4　设置属性栏

步骤6　选择【窗口】/【路径】命令，打开"路径"面板，单击面板底部的"用画笔描边路径"按钮⭕️，使用步骤5中设置的画笔样式描边路径，如图36-5所示。

步骤7　单击"路径"面板底部的"删除当前路径"按钮🗑️，在弹出的提示框中单击 是(Y) 按钮，最终效果如图36-6所示。

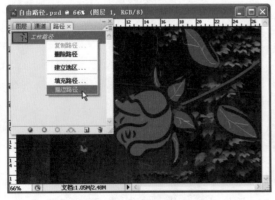

图36-5　准备描边路径

图36-6　最终效果

第37例 更改图像背景

素　材：\素材\第2章\背景.psd
源文件：\源文件\第2章\背景.psd

知 识 要 点	制 作 要 领
★ 选择背景 ★ 设置"油漆桶"工具 ★ 填充图案	★ 填充图案

 步骤讲解

步骤1 打开"背景.psd"图像文件，可以看到该图像中花朵的周围为白色的背景，背景和花朵的颜色略有不同。

步骤2 在工具箱中选择魔棒工具，然后在属性栏的"容差"文本框中输入"10"，接着在白色背景中的任意位置单击，将整个白色背景创建为选区，如图37-1所示。

> **魔法档案**
> "容差"文本框中的值范围介于0～255之间，用于确定准备选择的颜色的范围。如果值较低，将在当前图层中选择与单击的像素相似的若干种颜色；如果值较高，将选择范围更广的颜色。

步骤3 在工具箱中选择油漆桶工具，然后在属性栏中的"设置填充区域的源"下拉列表框中选择"图案"选项。

步骤4 单击"图案"下拉列表框，在"图案"拾色器中单击按钮，然后在弹出的菜单中选择"图案"命令，如图37-2所示。

> **魔力测试**
> 在Photoshop的工具箱中选择油漆桶工具，接着在属性栏中的"设置填充区域的源"下拉列表框中选择"图案2"、"彩色纸"等选项，查看"图案"拾色器有什么变化。

图37-1 创建选区

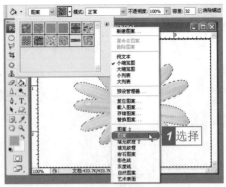

图37-2 设置"油漆桶工具"

步骤5 在拾色器中双击"裂痕"选项▢，将其设置为填充图案，如图37-3所示。

步骤6 在当前选区中单击，填充图片背景，最后按【Ctrl＋D】组合键取消当前选区，最终效果如图37-4所示。

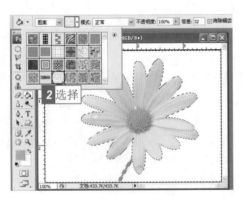

图37-3 选择填充图案

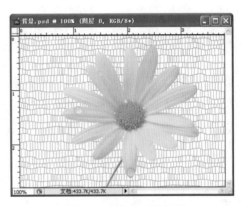

图37-4 处理后的效果

第38例 设置选区效果

素　材：\素材\第2章\选区.psd
源文件：\源文件\第2章\选区.psd

知 识 要 点	制 作 要 领
★ 创建选区	★ 使用磁性套索工具
★ 复制图层	
★ 添加渐变叠加样式	

步骤讲解

步骤1　打开"选区.psd"图像文件，如图38-1所示。

步骤2　在工具箱中选择磁性套索工具。

图38-1　打开文件

因为准备选取的区域边缘轮廓比较清晰，因此使用"磁性套索工具"来选取选区比较方便。

步骤3　在属性栏中单击"添加到选区"按钮，表示将创建不连续的选区，属性栏中的参数设置如图38-2所示。

图38-2　设置属性栏

步骤4　在左上角白色区域的边缘单击，然后沿边缘拖动鼠标，回到起点后单击，将生成选区，如图38-3所示。

步骤5　按照步骤4的方法，再将其他两个白色区域创建为选区，如图38-4所示。

图38-3　开始创建选区

图38-4　最终创建的选区

步骤6 按【Ctrl+J】键将选区内的图像复制为图层1图层，然后将前景色设置为"浅蓝色（R2，G246，B255）"。

步骤7 单击"图层"控制面板中的"添加图层样式"按钮 **fx.**，然后在弹出的下拉菜单中选择"渐变叠加"命令，接着在弹出的对话框中的"渐变"下拉列表框中选择"前景到透明"选项 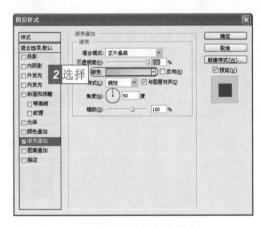，其余参数设置如图38-5所示。

步骤8 在对话框中单击 确定 按钮，图像的最终效果如图38-6所示。

图38-5　调整参数　　　　　　　　　　图38-6　最终效果

魔法档案

选择矩形选框工具之后，在属性栏中单击"添加到选区"按钮 ，表示在原有选区的基础上增加选区，新选区为两者相加后的区域。

第39例　叠加选区

素　材：\素材\第2章\叠加.psd
源文件：\源文件\第2章\叠加.psd

游来无所依，
游去无所思。

知识要点
★ 创建叠加选区
★ 填充选区
★ 输入文字
★ 移动文字图层

制作要领
★ 创建叠加选区

步骤讲解

步骤1 打开"叠加.psd"图像文件，然后将前景色设置为"白色"，如图39-1所示。

步骤2 在工具箱中选择矩形选框工具[■]，然后在属性栏中单击"添加到选区"按钮[■]，在图像窗口中连续绘制两个矩形选区。

步骤3 按【Alt+Delete】键，使用前景色填充选区，如图39-2所示。

图39-1 设置前景色

图39-2 填充选区

步骤4 在工具箱中选择横排文字工具[T]，接着在属性栏中设置字体为"幼圆"、字号为"30点"，颜色为"黑色"，如图39-3所示。

图39-3 设置属性栏

步骤5 在图像上方的白色图案中单击，创建文字图层，然后切换输入法，输入"游来无所依，"，然后按【Enter】键换行，按空格键使插入点移动到白色图案中，输入"游去无所思。"，如图39-4所示。

步骤6 选择移动工具[▶+]，将文字图层拖动到合适的位置，最终效果如图39-5所示。

图39-4 输入文字

图39-5 移动文字图层

魔力测试

打开一张素材图片，在工具箱中选择矩形选框工具 ▣ ，然后在属性栏中单击"添加到选区"按钮 ▣ ，试试看能否在图片中绘制几个不相连的矩形选区。

第40例　变换图像

素　材：\素材\第2章\变换.psd、图.psd
源文件：\源文件\第2章\变换.psd

知 识 要 点
★ 拖动图像
★ 自由变换图像

制 作 要 领
★ 自由变换图像

步骤讲解

步骤1　打开"变换.psd"和"图.psd"图像文件，如图40-1所示。

步骤2　在工具箱中选择移动工具 ▣ ，然后将"图.psd"中图层1的图像拖动到"变换.psd"图像窗口中，使其位于图层0的上方，如图40-2所示。

图40-1　打开图像文件

图40-2　拖动图像

步骤3 按【Ctrl+T】键使图层1中的图像进入自由变换状态，这时图像周围显示出8个控制点。在按住【Ctrl】键的同时，将图层1左上角的控制点拖动到画框的右下角，如图40-3所示。

步骤4 继续拖动图层1的另外3个变换点到画框对应的另外3个角，然后按【Enter】键，最终效果如图40-4所示。

图40-3 自由变换　　　　　　　　　　图40-4 最终效果

魔法档案

用户在图像进入自由变换状态之后，按住【Ctrl】键的同时拖动控制点进行变换，图像将根据拖动的控制点的变换同步对当前图像进行调整，以确保图像保持近大远小的透视关系，使图像的最终效果更加逼真。

第41例　创建变形文字

素　材：\素材\第2章\变形文字.jpg
源文件：\源文件\第2章\变形文字.jpg

知识要点
★ 输入文字
★ 设置文字变形样式

制作要领
★ 设置文字变形样式

 步骤讲解

步骤1 打开"变形文字.jpg"图像文件，在工具箱中选择横排文字工具 **T**，然后在属性栏中设置字体为"黑体"，字号为"18点"，颜色为"黑色"，如图41-1所示。

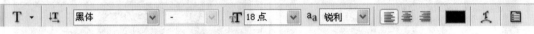

图41-1 设置属性栏

步骤2 在图像窗口中的白色云朵内单击，然后在其中输入文字"'知行'教育中心 一对一辅导 定向培养 咨询热线：6666XXXX"，接着单击属性栏中的"创建文字变形"按钮。

步骤3 弹出"变形文字"对话框，在"样式"下拉列表框中选择"贝壳"选项，然后单击 **确定** 按钮，如图41-2所示。

步骤4 变形文字的最终效果如图41-3所示。

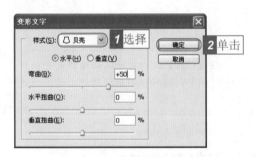

图41-2 设置变形参数

图41-3 最终效果

第42例 沿路径输入文字

素 材：\素材\第2章\路径文字.jpg
源文件：\源文件\第2章\路径文字.jpg

知识要点
★ 创建路径
★ 沿路径输入文字

制作要领
★ 沿路径输入文字

 步骤讲解

步骤1 打开"路径文字.jpg"图像文件，在工具箱中选择自由钢笔工具 ，在图像窗口中拖动鼠标绘制路径。

步骤2 在工具箱中选择横排文字工具 **T**，然后在属性栏中设置字体为"幼圆"，字号为"18点"，颜色为"白色"。

步骤3 将鼠标指针移动到路径中，当其变为 形状时单击，如图42-1所示。

步骤4 从插入点开始沿着路径输入文字"春花漆 色彩艳丽 气味清新"，如图42-2所示。

图42-1 准备输入文字　　　　　　　　图42-2 输入后的效果

步骤5 删除工作路径路径后存储文件。

第43例 创建文字块

素　材：\素材\第2章\形状文字.jpg
源文件：\源文件\第2章\形状文字.jpg

知识要点
★ 创建封闭路径
★ 在路径中输入文字

制作要领
★ 调整路径边框

 步骤讲解

步骤1 打开"形状文字.jpg"图像文件，选择钢笔工具，在属性栏中单击"路径"按钮和"矩形工具"按钮。

步骤2 在图像窗口中沿绿色对话框拖动鼠标绘制矩形的封闭路径。

步骤3 在工具箱中选择横排文字工具 T ，然后在属性栏中设置字体为"幼圆"，字号为"30点"，颜色为"白色"。

步骤4 将鼠标指针移动到路径中，当其变为 形状时单击，然后输入"到蓬岛山旅游区来，你会看到更多的绿色"。

步骤5 这时发现路径无法容纳全部文字，可以将鼠标指针移动到路径边框处，当其变为 形状时拖动鼠标扩大边框，待拖动到合适位置后释放鼠标，如图43-1所示。

步骤6 将剩余的文字全部输入到文字块中，如图43-2所示。

图43-1　拖动鼠标　　　　　　　　　　　　图43-2　输入全部文本

第44例　栅格化文字

素　材：\素材\第2章\栅格化.jpg
源文件：\源文件\第2章\栅格化.jpg

知识要点
★ 输入文字
★ 栅格化文字
★ 选择油漆桶工具
★ 填充文字

制作要领
★ 栅格化文字

 步骤讲解

步骤1 打开"路径文字.jpg"图像文件，在工具箱中选择横排文字工具 **T**，然后在属性栏中设置字体为"黑体"，字号为"30点"，颜色为"白色"，在图像窗口中输入文本"把流浪的玩具领回家"。

步骤2 选择"玩具"文本，将其字号设置为"60点"，再选择【图层】/【栅格化】/【文字】命令将文字栅格化。

步骤3 在工具箱中选择油漆桶工具 ，然后在属性栏中的"设置填充区域的源"下拉列表框中选择"图案"选项，再单击"图案"下拉列表框 ，在打开的"图案"拾色器中单击 按钮，在弹出的菜单中选择"彩色纸"命令。

步骤4 在"图案"拾色器中双击"树叶图案纸"选项 ，将其设置为油漆桶工具的填充图案，如图44-1所示。

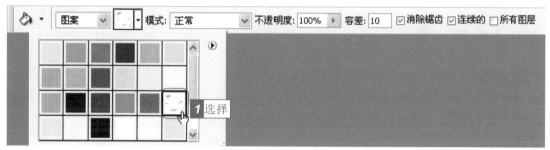

图44-1 选择填充图案

步骤5 将鼠标指针移动到图像窗口中的"玩"字上单击，如图44-2所示，最终效果如图44-3所示。

图44-2 准备填充图案

图44-3 最终效果

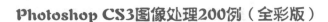
第45例　绘制椭圆形状

素　材：\素材\第2章\椭圆.jpg
源文件：\源文件\第2章\椭圆.jpg

知　识　要　点
★ 绘制圆形形状
★ 添加斜面和浮雕样式
★ 设置图层混合模式

制　作　要　领
★ 绘制椭圆形状

步骤讲解

步骤1　打开"椭圆.jpg"图像文件。

步骤2　在工具箱中选择椭圆工具，在属性栏中单击"形状图层"按钮，将颜色设置为"绿色"，其余选项的设置如图45-1所示。

图45-1　设置属性栏

步骤3　在图像窗口中绘制一个椭圆形状，在"图层"控制面板中将不透明度设置为40%，如图45-2所示。

步骤4　单击"图层"控制面板中的"添加图层样式"按钮，在弹出的下拉菜单中选择"斜面和浮雕"命令，弹出"图层样式"对话框，在其中按如图45-3所示设置参数，然后单击[　确定　]按钮。

图45-2　设置不透明度

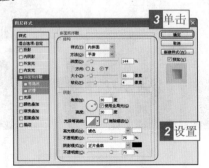

图45-3　设置图层样式

步骤5 在"图层"控制面板的"混合模式"下拉列表框中选择"色相"选项，最终效果如图45-4所示。

图45-4　最终效果

"色相"选项是用基色的亮度和饱和度以及混合色的色相来显示的颜色。

魔力测试

　　尝试在"图层"控制面板设置不同的混合模式，看看在不同混合模式下图像的最终显示效果有何不同。

第46例　绘制矩形形状

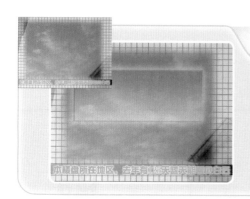

素　材：\素材\第2章\矩形.jpg
源文件：\源文件\第2章\矩形.psd

知 识 要 点	制 作 要 领
★ 绘制矩形形状	★ 绘制矩形形状
★ 添加外发光样式	

步骤讲解

步骤1 打开"矩形.jpg"图像文件。

步骤2 在工具箱中选择矩形工具 ▢ ，在属性栏中单击"形状图层"按钮 ▢ ，将颜色设置为"白色"，在"样式"下拉列表框中选择"雕刻天空（文字）"选项 ▢ ，其余选项的设置如图46-1所示。

图46-1　设置属性栏

步骤3 在图像窗口中绘制一个如图46-2所示的矩形形状，然后在"图层"控制面板中将不透明度设置为50%。

步骤4 单击"图层"控制面板中的"添加图层样式"按钮 ☑ ，在弹出的下拉菜单中选择"外发光"命令，如图46-3所示。

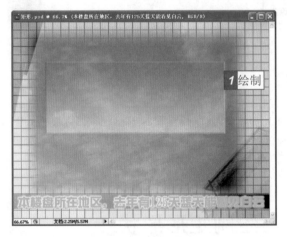

图46-2　绘制矩形

图46-3　设置图层样式

小魔女，你看，在"添加图层样式"的下拉菜单中有两个命令是已经选中的，这是"雕刻天空（文字）"所附带的样式。

哦，是的，下拉菜单中的"斜面和浮雕"和"渐变叠加"前面都有个 ✔ 符号。

步骤5 在"图层样式"对话框中按如图46-4所示设置参数，然后单击 ［ 确定 ］ 按钮，为矩形添加"外发光"效果，如图46-5所示。

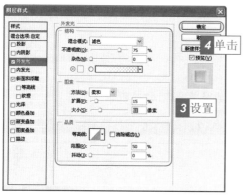

图46-4 "图层样式"对话框

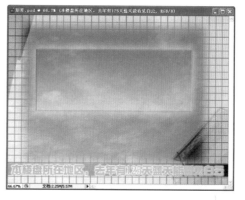

图46-5 最终效果

第47例 绘制自定义形状

素 材：\素材\第2章\自定义形状.jpg
源文件：\源文件\第2章\自定义形状.psd

知 识 要 点	制 作 要 领
★ 绘制自定义形状	★ 绘制自定义形状
★ 添加外发光样式	

步骤1 打开"自定义形状.jpg"图像文件。

步骤2 在工具箱中选择自定形状工具 ，在属性栏中单击"形状图层"按钮 ，将颜色设置为"白色"，在"形状"下拉列表框中选择"灯泡2"选项 ，在"样式"下拉列表框中选择"双环发光（按钮）"选项 ，其余选项的设置如图47-1所示。

图47-1 设置属性栏

步骤3 在图像窗口绘制一个类似灯泡的形状。

步骤4 单击"图层"控制面板中的"添加图层样式"按钮 **fx.**，在弹出的下拉菜单中选择"外发光"命令。

步骤5 在弹出的"图层样式"对话框中设置参数，然后单击 **确定** 按钮，如图47-2所示。

步骤6 将外发光样式添加到自定义形状中的效果如图47-3所示。

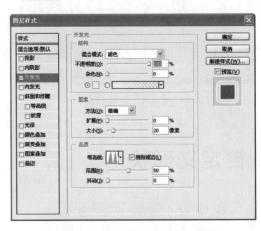

图47-2　"图层样式"对话框　　　　　　　　　　图47-3　最终效果

魔法档案

　　在Photoshop中预设的"外发光"效果，用于在图像边缘的外部添加光线，光线的默认颜色为黄色。

第48例　在图像中画线

素　材：\素材\第2章\画线.jpg
源文件：\源文件\第2章\画线.jpg

知识要点
★ 选择画笔工具
★ 设置画笔样式
★ 绘制直线
★ 设置图层混合模式

制作要领
★ 设置画笔样式

一学就会魔法书

步骤讲解

步骤1 打开"画线.jpg"图像文件，在工具箱中选择画笔工具 ✎。

步骤2 在属性栏中单击"画笔"下拉列表框右侧的 按钮，再在打开的"画笔预设"选取器中单击 ▶ 按钮，在弹出的菜单中选择"特殊效果画笔"命令。

步骤3 在弹出的提示框中单击 确定 按钮，如图48-1所示。

步骤4 回到"画笔预设"选取器中，在其中选择"杜鹃花串"选项 ❀，然后将主直径设置为101 px，其他选项保持默认设置不变，如图48-2所示。

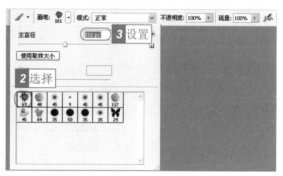

图48-1 提示对话框

图48-2 设置笔画

步骤5 在图像窗口的左上角单击，如图48-3所示，然后按住【Shift】键不放，在窗口左下角单击，使用当前的画笔样式绘制一条直线，如图48-4所示，用相同的方法按住【Shift】键不放，依次在图像窗口的右下角、右上角和左上角单击，在图像窗口中绘制一个矩形边框。

图48-3 单击鼠标

图48-4 绘制直线

步骤6 在"图层"控制面板的"混合模式"下拉列表框中选择"正片叠底"选项。

步骤7 单击"图层"控制面板中的"添加图层样式"按钮 fx，在弹出的下拉菜单中选择"外发光"命令，再在弹出的"图层样式"对话框中设置参数，如图48-5所示。

步骤8 在"图层样式"对话框中单击 确定 按钮，最终效果如图48-6所示。

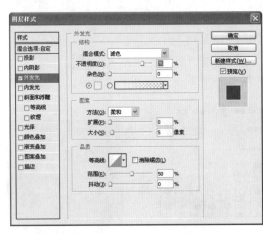

图48-5 "图层样式"对话框

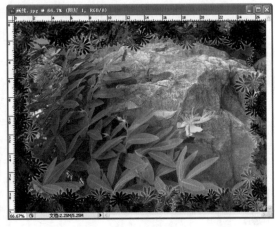

图48-6 最终效果

魔法档案

因为画笔的主体颜色由前景色和背景色决定，在这个实例中要保持前景色和背景色的默认设置，即前景色为黑色，背景色为白色，否则绘制出的效果会与插图有所不同。

第49例 绘制动态画笔效果

素 材：\素材\第2章\动态画笔.jpg
源文件：\源文件\第2章\动态画笔.jpg

知识要点
★ 选择画笔工具
★ 设置动态画笔样式
★ 绘制动态画笔

制作要领
★ 设置动态画笔样式

 步骤讲解

步骤1 打开"动态画笔.jpg"图像文件,设置前景色为"白色",并选择画笔工具 。

步骤2 在属性栏中的"画笔预设"选取器中选择"柔角65像素"选项 。

步骤3 按【F5】键打开"画笔"控制面板,选中 纹理 复选框,单击"纹理预设"右侧的下拉箭头,在弹出的列表中单击右上角的箭头,载入"图案"纹理,选择"编织(宽)"纹理样式,再设置参数如图49-1所示。

步骤4 选中 形状动态 复选框并单击该选项,将大小抖动设置为30%,如图49-2所示。

图49-1 设置纹理

图49-2 设置形状动态

步骤5 在图像窗口的右上角开始绘制动态画笔的效果,如图49-3所示。

步骤6 继续在背景图层中拖动鼠标完成动态画笔效果的绘制,最终效果如图49-4所示。

图49-3 开始绘制

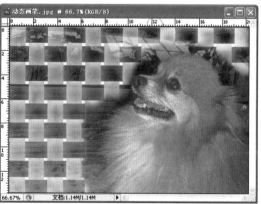

图49-4 最终效果

魔法档案

按【F5】键打开"画笔"控制面板，单击右上角的▾☰按钮，在其下拉菜单中选择"复位画笔"命令，在弹出的提示框中单击 确定 按钮可以恢复画笔的原始设置。

第50例　设置自定义画笔

素　材：\素材\第2章\自定义画笔.jpg
源文件：\源文件\第2章\自定义画笔.jpg

知识要点
★ 选择画笔工具
★ 设置自定义画笔样式
★ 新建图层
★ 绘制自定义画笔

制作要领
★ 设置自定义画笔样式

步骤讲解

步骤1　新建一个大小为"80像素×80像素"，背景内容为"透明"的图像文件，使用画笔工具绘制图像，如图50-1所示。

步骤2　按【F5】键打开"画笔"控制面板，单击 画笔笔尖形状 选项，将间距设置为95%，如图50-2所示。

步骤3　选中 ☑形状动态 复选框，将角度抖动设置为37%，圆度抖动设置为45%，其余参数设置如图50-3所示。

图50-1　绘制图像

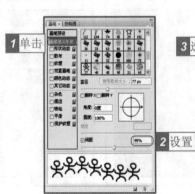

图50-2　设置笔尖形状

图50-3　设置形状动态

步骤4 按【F5】键关闭"画笔"控制面板，然后选择【编辑】/【定义画笔预设】命令，在弹出的"画笔名称"对话框中的"名称"文本框中输入"小人"，然后单击 确定 按钮，如图50-4所示。

图50-4 设置"画笔名称"对话框

步骤5 打开"自定义画笔.jpg"图像文件，设置前景色为"白色"，在工具箱中选择画笔工具 ，然后在"画笔预设"选取器中选择"小人"样式 。

步骤6 在"图层"控制面板中单击"创建新图层"按钮 ，新建图层1。然后在图像窗口的中上部从左至右横向拖动鼠标，如图50-5所示。

步骤7 单击"图层"控制面板中的"添加图层样式"按钮 *fx.* ，在弹出的下拉菜单中选择"投影"命令。

步骤8 在弹出的"图层样式"对话框中保持默认设置不变，直接单击 确定 按钮，图像的最终效果如图50-6所示。

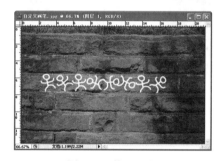

图50-5 使用画笔

图50-6 最终效果

第51例 合并图层

素 材：\素材\第2章\合并图层.psd
源文件：\源文件\第2章\合并图层.psd

知识要点
★ 输入文本
★ 选择图层
★ 合并图层
★ 添加图层样式

制作要领
★ 选择图层
★ 合并图层

步骤讲解

步骤1 打开"合并图层.psd"图像文件。

步骤2 设置前景色为"白色"，新建图层1，然后在其中绘制一个圆形，如图51-1所示。

步骤3 设置前景色为"黑色"，在工具箱中选择横排文字工具 $\boxed{\text{T}}$ ，将字体设置为"幼圆"，字号设置为36，然后在图像窗口内输入"风月无边"，如图51-2所示。

图51-1　绘制圆形　　　　　　　　　　　　图51-2　输入文本

步骤4 按住【Ctrl】键不放，然后在"图层"控制面板中依次单击文字图层和图层1，接着按【Ctrl+E】键，将这两个图层合并为一个图层，其名称默认为"风月 无边"，如图51-3所示。

魔法档案

按住【Ctrl】键不放，在"图层"控制面板中依次单击其中的图层，然后按【Ctrl+E】键，将选中的若干图层合并为一个图层，该图层的名称和位置默认为选中的第一个图层。

步骤5 在"图层"控制面板中将"风月 无边"图层的不透明度设置为50%，如图51-4所示。

步骤6 单击"图层"控制面板中的"添加图层样式"按钮 fx ，在弹出的下拉菜单中选择"斜面和浮雕"命令。

步骤7 在弹出的"图层样式"对话框中选中 ☑纹理 复选框并单击该选项，在"图案"下拉列表框中选择"拼贴－平滑"选项 ⊞ ，然后单击 确定

一学就会魔法书

按钮，如图51-5所示。

步骤8 将"斜面和浮雕"样式添加到图层中后的最终效果如图51-6所示。

图51-3 合并图层

图51-4 设置不透明度

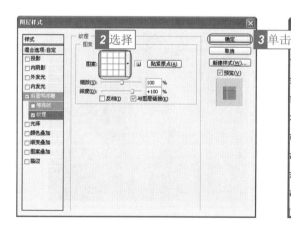

图51-5 设置参数

图51-6 最终效果

第52例 液 化 图 像

素　材：\素材\第2章\滤镜1.jpg
源文件：\源文件\第2章\滤镜1.jpg

知 识 要 点　　　　制 作 要 领

★ 选择滤镜　　　　★ 液化图像
★ 设置滤镜参数
★ 液化图像

 步骤讲解

步骤1 打开"滤镜1.jpg"图像文件。

步骤2 选择【滤镜】/【液化】命令，在弹出的对话框中将画笔大小设置为100，画笔密度为50，画笔压力为100。

步骤3 单击对话框左侧的"膨胀工具"按钮，在图像中小狗眼睛的瞳孔处按住鼠标左键不放，使当前位置的图像膨胀变形，达到想要的效果后释放鼠标停止变形。

步骤4 单击对话框左侧的"向前变形工具"按钮，在小狗的鼻子和嘴巴的位置按住鼠标左键不放进行拖动，对图像进行"液化"处理，如图52-1所示。

步骤5 单击"重建工具"按钮，然后在图像中变形的部分拖动鼠标，可以还原被扭曲的部分，对操作进行修改。单击 确定 按钮，最终效果如图52-2所示。

图52-1 液化图像

图52-2 最终效果

第53例 抽出图像

素 材：\素材\第2章\滤镜2.jpg
源文件：\源文件\第2章\滤镜2.jpg

知 识 要 点　　　　　制 作 要 领

★选择滤镜　　　　　★抽出图像
★设置滤镜参数
★抽出图像
★填充图像

 步骤讲解

步骤1 打开"滤镜2.jpg"图像文件。

步骤2 选择【滤镜】/【抽出】命令，在弹出的"抽出"对话框中单击"边缘高光器工具"按钮，然后绘制绿色线条勾勒人物。再单击"填充工具"按钮，在绿色边框中单击，完成后单击 确定 按钮，如图53-1所示。

步骤3 选择油漆桶工具，在属性栏中选择"图案"填充样式，在"图案预设"列表框中载入"图案"纹理后选择"拼贴-平滑"图案，然后在图像中的透明区域单击进行填充，最终效果如图53-2所示。

图53-1　抽出图像

图53-2　最终效果

 过关练习

（1）根据素材（光盘:\素材\第2章\练习1.psd）制作如下图所示的图片文件（光盘:\源文件\第2章\练习1.psd）。

提示：

❖ 打开素材图片，新建图层2。

❖ 选择椭圆工具，绘制白色矩形，将其图层样式设置为"斜面和浮雕"，不透明度为50%。

❖ 输入黑色、幼圆字体的文字。

练习1

（2）根据素材（光盘:\素材\第2章\练习2.psd）制作如下图所示的图片文件（光盘:\源文件\第2章\练习2.psd）。

提示：

❖ 打开素材图片，在其中创建椭圆选区。

❖ 反选选区，将前景色设置为白色，再将画笔设置为"散布枫叶"样式。

❖ 在图层1的选区内拖动鼠标。

练习2

第3章

图像颜色的调整

多媒体教学演示：50分钟

调整颜色后的图像可真漂亮啊！

小魔女：魔法师，我用Photoshop CS3修饰了几张照片，但觉得图像的颜色和明暗不太令人满意，有办法调整一下吗？

魔法师：我们可以借助Photoshop CS3提供的调整色调和色彩的命令来调整图像的亮度、对比度、色相、色阶及饱和度等。

小魔女：魔法师，能教教我如何运用这些命令吗？

魔法师：没问题，现在就开始今天的课程吧。

第54例 色阶应用

素　材：\素材\第3章\湖泊.jpg
源文件：\源文件\第3章\湖泊.psd

知识要点	制作要领
★ 调整色阶	★ 调整色阶
★ "彩色半调"滤镜	★ "彩色半调"滤镜
★ 图层混合模式	
★ 输入文本	

 步 骤 讲 解

步骤1 打开如图54-1所示的"湖泊.jpg"图像文件，选择【图像】/【调整】/【色阶】命令，弹出"色阶"对话框。

步骤2 在"通道"下拉列表框中选择RGB选项，在"输入色阶"数值框中分别输入"40、2.50、200"，单击 确定 按钮，如图54-2所示。

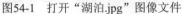

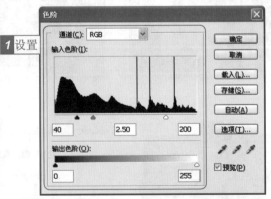

图54-1　打开"湖泊.jpg"图像文件　　　　图54-2　"色阶"对话框

步骤3 返回图像文件窗口，即可查看设置后的效果，如图54-3所示。

步骤4 按照步骤1和步骤2的方法，再次调整色阶，在"通道"下拉列表框中选择"红"选项，在"输入色阶"数值框中分别输入"0、0.2、200"，单击 确定 按钮，如图54-4所示。

一学就会魔法书

图54-3 改变RGB通道色阶后的效果

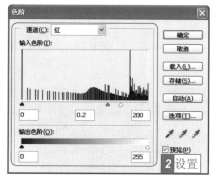

图54-4 设置"红"通道色阶

步骤5 返回图像文件窗口，即可查看设置后的效果，如图54-5所示。

步骤6 按【Ctrl+J】键复制生成图层1。选择【滤镜】/【像素化】/【彩色半调】命令，弹出"彩色半调"对话框，设置最大半径为"4像素"，其他参数保持默认设置不变，单击 确定 按钮，如图54-6所示。

图54-5 改变"红"通道色阶后的效果

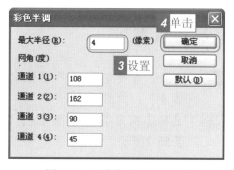

图54-6 "彩色半调"对话框

步骤7 返回图像文件窗口，应用"彩色半调"滤镜后的效果如图54-7所示。

步骤8 设置图层1的图层混合模式为"正片叠底"。选择工具箱中的橡皮擦工具，在属性栏中设置画笔类型为"柔角65像素"，擦除图层1中的岩石图像，然后输入文本，最终效果如图54-8所示。

图54-7 应用"彩色半调"滤镜后的效果

图54-8 最终效果

第55例　自动调整色阶

素　材：\素材\第3章\春暖花开.jpg
源文件：\源文件\第3章\春暖花开.psd

知识要点	制作要领
★ 自动色阶	★ 自动色阶
★ "径向模糊"滤镜	★ "径向模糊"滤镜
★ "拼贴"滤镜	
★ 外发光	

步骤讲解

步骤1　打开"春暖花开.jpg"图像文件，创建矩形选区，并设置其羽化半径为"50像素"，如图55-1所示。

步骤2　选择【图像】/【调整】/【自动色阶】命令，调整选区内图像的色阶，如图55-2所示。

图55-1　创建和羽化选区

图55-2　调整色阶的效果

步骤3　按【Shift+Ctrl+I】键反选选区，选择【滤镜】/【模糊】/【径向模糊】命令，弹出"径向模糊"对话框，设置数量为20，分别选中◉**缩放(Z)**和◉**最好(B)**单选按钮，单击 确定 按钮，如图55-3所示。

步骤4　选择【滤镜】/【风格化】/【拼贴】命令，弹出"拼贴"对话框，保持参数默认设置不变，直接单击 确定 按钮，按【Ctrl+D】键取消选区，如图55-4所示。

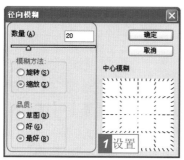

图55-3 "径向模糊"对话框

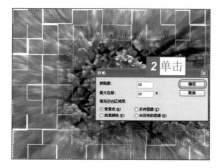

图55-4 应用"拼贴"滤镜

步骤5 输入直排文本"春暖花开"，在属性栏中设置字体格式为"隶书、30点、黑色"，设置文本图层的图层混合模式为"柔光"。

步骤6 选择【图层】/【图层样式】/【外发光】命令，弹出"图层样式"对话框，设置扩展为10%、大小为"70像素"，其他参数保持默认设置不变，单击 确定 按钮，如图55-5所示。

步骤7 返回图像文件窗口，最终效果如图55-6所示。

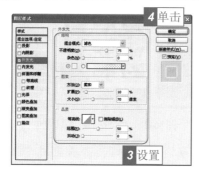

图55-5 设置外发光

图55-6 最终效果

第56例 自动调整对比度

素 材：\素材\第3章\心心相印.jpg
源文件：\源文件\第3章\心心相印.psd

知 识 要 点	制 作 要 领
★ 套索工具	★ 使用套索工具绘
★ 自动对比度	制选区
★ "涂抹棒"滤镜	
★ 输入直排文本	

 步骤讲解

步骤1 打开"心心相印.jpg"图像文件，使用套索工具 ╰╮ 绘制一个心形选区，并设置其羽化半径为"80像素"。选择【图像】/【调整】/【自动对比度】命令，改变选区内图像的对比度，如图56-1所示。

步骤2 选择【滤镜】/【艺术效果】/【涂抹棒】命令，弹出"涂抹棒"对话框，设置描边长度、高光区域和强度分别为"5、3、8"，单击 确定 按钮，如图56-2所示。

图56-1 选择"自动对比度"命令

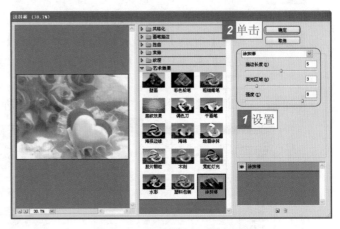

图56-2 "涂抹棒"对话框

步骤3 返回图像文件窗口，按【Ctrl+D】键取消选区，即可查看应用"涂抹棒"滤镜后的效果，如图56-3所示。

步骤4 输入直排文本"心心相印"，在属性栏中设置其字体格式为"华文彩云、120点、红色"，最终效果如图56-4所示。

图56-3 应用"涂抹棒"滤镜

图56-4 最终效果

第57例　自动调整颜色

素　材：\素材\第3章\枫叶.jpg
源文件：\源文件\第3章\枫叶.psd

知识要点	制作要领
★ 多边形套索工具	★ 使用多边形套索
★ 自动颜色	工具绘制选区
★ "玻璃"滤镜	
★ 输入直排文本	

步骤讲解

步骤1　打开"枫叶.jpg"图像文件，使用多边形套索工具 ✏ 创建一个八边形选区，并设置其羽化半径为"20像素"。选择【图像】/【调整】/【自动颜色】命令，改变选区内图像的颜色，效果如图57-1所示。

步骤2　选择【滤镜】/【扭曲】/【玻璃】命令，弹出"玻璃"对话框，设置扭曲度和平滑度分别为"5、3"，其他参数保持默认设置不变，单击 ▭确定 按钮，如图57-2所示。

图57-1　选择"自动颜色"命令

图57-2　"玻璃"对话框

步骤3　返回图像文件窗口，按【Ctrl+D】键取消选区，效果如图57-3所示。

一学就会魔法书

步骤4 输入直排文本"霜叶红于二月花"，在属性栏中设置其字体格式为"方正水柱简体、18点、白色"，最终效果如图57-4所示。

图57-3　应用"玻璃"滤镜　　　　　　　　　　图57-4　最终效果

第58例　调整图像曲线

素　材：\素材\第3章\水果.jpg
源文件：\源文件\第3章\百叶窗外.psd

知 识 要 点	制 作 要 领
★ 矩形选框工具 ★ 调整图像曲线 ★ "高斯模糊"滤镜 ★ 输入文本	★ 在"曲线"对话框中调整图像曲线

 步骤讲解

步骤1　打开"水果.jpg"图像文件，使用矩形选框工具 ▢ 绘制若干如图58-1所示的矩形选区，按【Ctrl+J】键复制生成图层1。

步骤2　选择【图像】/【调整】/【曲线】命令，弹出"曲线"对话框，在曲线上单击并拖动进行调整，调整完毕后单击 ▭确定 按钮，如图58-2所示。

步骤3　返回图像文件窗口，调整曲线后的效果如图58-3所示。

步骤4　选择【滤镜】/【模糊】/【高斯模糊】命令，弹出"高斯模糊"对话框，设置半径为"5像素"，单击 ▭确定 按钮，如图58-4所示。

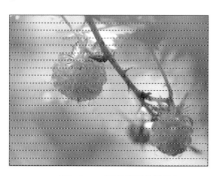

图58-1　绘制矩形选区

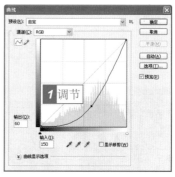

图58-2　"曲线"对话框

图58-3　调整曲线后的效果

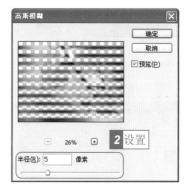

图58-4　"高斯模糊"对话框

步骤5　返回图像文件窗口，效果如图58-5所示。

步骤6　输入文本"百叶窗外……"，在属性栏中设置其字体格式为"方正水柱简体、48点、白色"，最终效果如图58-6所示。

图58-5　应用"高斯模糊"滤镜

图58-6　最终效果

魔法档案

　　在"曲线"对话框中单击🖊按钮，此时鼠标指针变为🖊形状，按住鼠标左键不放，在曲线框中进行拖动，可调整图像的曲线。

第59例　平衡图像色彩

素　材：\素材\第3章\花与少女.jpg
源文件：\源文件\第3章\花与少女.psd

知识要点	制作要领
★ 色彩平衡 ★ 横排文字蒙版工具	★ 分别调整中间调、高光和阴影的色彩平衡

 步骤讲解

步骤1 打开"花与少女.jpg"图像文件，选择【图像】/【调整】/【色彩平衡】命令，弹出"色彩平衡"对话框，选中 ◉中间调(D)单选按钮，设置色阶为"70、−30、−30"，如图59-1所示。

步骤2 选中 ◉高光(H)单选按钮，设置色阶为"50、−15、30"，单击 确定 按钮，如图59-2所示。

图59-1　设置中间调

图59-2　设置高光

步骤3 选择工具箱中的横排文字蒙版工具，在属性栏中设置字体格式为"Ravie、36点、居中对齐"，输入文本"Flower & Girl"，如图59-3所示。

步骤4 按【Ctrl+Enter】键确认输入，载入文本的选区，如图59-4所示。

步骤5 选择【图像】/【调整】/【色彩平衡】命令，弹出"色彩平衡"对话框，选中 ◉阴影(S)单选按钮，设置色阶为"60、−30、50"，单击 确定 按钮，如图59-5所示。

一学就会魔法书

步骤6 返回图像文件窗口,按【Ctrl+D】键取消选区,最终效果如图59-6所示。

图59-3 使用横排文字蒙版工具

图59-4 载入文本形状选区

图59-5 设置阴影

图59-6 最终效果

魔法档案

在"色彩平衡"对话框中选中☑**保持明度(V)**复选框,在调整色彩平衡时,将保持图像亮度不变,反之则会同时调整图像的色彩亮度。

第60例 对比的精彩

素 材:\素材\第3章\花朵.jpg
源文件:\源文件\第3章\对比的精彩.psd

知识要点	制作要领
★ 绘制交叉选区	★ 绘制交叉的矩形
★ 调整亮度/对比度	选区
★ 外发光	★ 调整亮度/对比度
★ 输入文本	

 步骤讲解

步骤1 打开"花朵.jpg"图像文件，选择工具箱中的矩形选框工具 ，在属性栏中单击"添加到选区"按钮 ，绘制两个交叉的矩形选区，如图60-1所示。

步骤2 按【Ctrl+J】键复制生成图层1。

步骤3 选择【图像】/【调整】/【亮度/对比度】命令，弹出"亮度/对比度"对话框，设置亮度和对比度分别为"85、-50"，单击 确定 按钮，如图60-2所示。

图60-1 绘制交叉的矩形选区

图60-2 设置亮度/对比度

步骤4 选择【图层】/【图层样式】/【外发光】命令，弹出"图层样式"对话框，设置外发光颜色为"浅紫色（ffbeff）"，方法为"精确"，扩展为10%，大小为"60像素"，单击 确定 按钮，如图60-3所示。

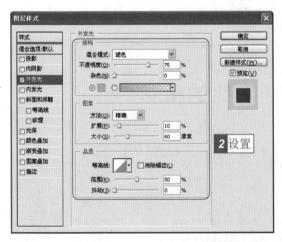

图60-3 设置外发光

步骤5 选择直排文字工具 ，在属性栏中设置字体格式为"文鼎淹水体、60点、黄色"，输入文本"对比的精彩"，最终效果如图60-4所示。

设置了亮度和对比度以后，图像变得更加漂亮了！

图60-4 最终效果

第61例 黑白世界

素　材：\素材\第3章\杯中小兔.jpg
源文件：\源文件\第3章\黑白世界.psd

知识要点	制作要领
★ 生成黑白图像	★ 选择预设的黑白图像类型
★ 描边	
★ 输入文本	★ 在"黑白"对话框中调整色相/饱和度
★ 外发光	

 步骤讲解

步骤1 打开"杯中小兔.jpg"图像文件，单击工具箱中的"以快速蒙版模式编辑"按钮，进入快速蒙版模式。选择画笔工具，在属性栏中设置画笔类型为"滴溅46像素"，在图像中进行涂抹，如图61-1所示。

步骤2 单击工具箱中的"以标准模式编辑"按钮，按【Shift+Ctrl+I】键反选选区。

步骤3 选择【图像】/【调整】/【黑白】命令，弹出"黑白"对话框，在"预设"下拉列表框中选择"红色滤镜"选项，单击 确定 按钮，如图61-2所示。返回图像文件窗口，如图61-3所示。

步骤4 按【Shift+Ctrl+I】键反选选区，选择【滤镜】/【模糊】/【高斯模糊】命令，弹出"高斯模糊"对话框，设置半径为"6像素"，单击 确定 按钮，如图61-4所示。

图61-1　在快速蒙版模式中涂抹图像

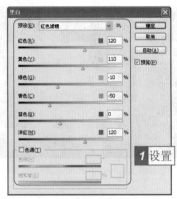

图61-2　"黑白"对话框

图61-3　设置后的效果

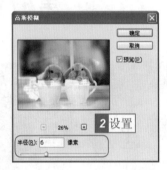

图61-4　"高斯模糊"对话框

步骤5 按【Ctrl+J】键复制生成图层1，选择【图像】/【调整】/【黑白】命令，弹出"黑白"对话框，选中☑**色调(T)**复选框，设置色相为30°，饱和度为40%，单击 确定 按钮，如图61-5所示。

步骤6 返回图像文件窗口，如图61-6所示。

图61-5　设置色相和饱和度

图61-6　设置后的效果

步骤7 选择【图层】/【图层样式】/【描边】命令，弹出"图层样式"对话框，设置大小为"1像素"，混合模式为"线性光"，颜色为"褐色

（645050）"，单击 确定 按钮，如图61-7所示。

步骤8 返回图像文件窗口，描边后的效果如图61-8所示。

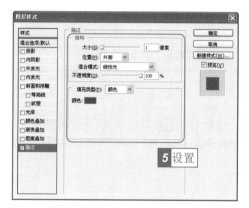

图61-7 设置描边

图61-8 描边后的效果

步骤9 选择横排文字工具**T**，在属性栏中设置字体格式为"文鼎淹水体、72点、黑色"，在图像右上方输入文本"黑白世界"。

步骤10 选择【图层】/【图层样式】/【外发光】命令，弹出"图层样式"对话框，设置扩展为10%，大小为"60像素"，单击 确定 按钮，如图61-9所示。

步骤11 返回图像文件窗口，最终效果如图61-10所示。

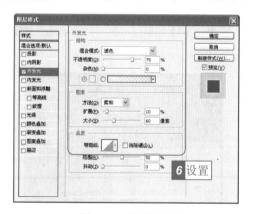

图61-9 设置外发光

图61-10 最终效果

魔法档案

按【Shift+Ctrl+Alt+B】键，可弹出"黑白"对话框。在某个颜色的百分比数值框中输入数值，可以修改其在生成的黑白图像中所占的百分比；单击 自动(A) 按钮，可自动调整图像的黑白效果。

第62例 图像变色

素　材：\素材\第3章\玫瑰.jpg
源文件：\源文件\第3章\图像变色.psd

知 识 要 点	制 作 要 领
★ 创建和羽化选区	★ 通过调整色相/饱和
★ 调整色相/饱和度	度，使图像变色

步骤讲解

步骤1　打开"玫瑰.jpg"图像文件，使用快速选择工具 ✎ 创建玫瑰选区，并设置其羽化半径为"1像素"，效果如图62-1所示。按【Ctrl+J】键复制生成图层1。

步骤2　选择【图像】/【调整】/【色相/饱和度】命令，弹出"色相/饱和度"对话框，设置色相、饱和度和明度分别为"-45、80、15"，单击 确定 按钮，如图62-2所示。

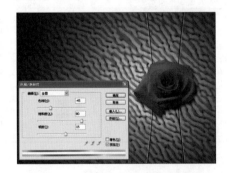

图62-1　创建并羽化玫瑰选区　　　　　　图62-2　调整图层1的色相/饱和度

步骤3　选择背景图层，按步骤1的方法创建和羽化如图62-3所示的选区。按【Ctrl+J】键复制生成图层2。

步骤4　按步骤2的方法，设置图层2的色相、饱和度和明度分别为"10、55、10"，如图62-4所示。

步骤5　选择背景图层，按步骤2的方法，设置其色相、饱和度和明度分别为"140、20、-10"，最终效果如图62-5所示。

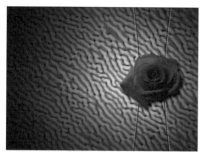

图62-3　创建并羽化选区

图62-4　调整图层2的色相/饱和度

图62-5　调整背景图层的色相/饱和度

魔法档案

　　在"色相/饱和度"对话框的"编辑"下拉列表框中选择某个颜色通道后，可以对其色相/饱和度进行单独调整，而不会影响其他颜色通道原有的色相/饱和度。

第63例　灰度也精彩

素　材：\素材\第3章\模特
源文件：\源文件\第3章\模特世界.psd

知识要点	制作要领
★复制和调整图像	★去色效果
★去色	
★输入文本	
★"凸出"滤镜	

 **步骤讲解**

步骤1　新建一个大小为"800像素×600像素"，分辨率为"300像素/英寸"，名称为"模特世界"的文件。选择工具箱中的渐变工具▇，在属性栏中设置渐

变类型为"前景到背景"，单击"菱形渐变"按钮，对背景图层进行渐变填充，如图63-1所示。

步骤2 打开"模特1.jpg"图像文件，将其拖动复制到"模特世界"图像文件窗口中，并调整其大小和位置，生成图层1。

步骤3 选择工具箱中的橡皮擦工具，在属性栏中设置画笔类型为"柔角200像素"，擦除模特图像边缘多余背景，如图63-2所示。

图63-1 渐变填充

图63-2 擦除多余背景

步骤4 选择【图像】/【调整】/【去色】命令，将模特由彩色图像转换为灰度图像，如图63-3所示。

步骤5 按步骤2~4的方法，复制并调整"模特2.jpg"和"模特3.jpg"图像，生成图层2和图层3，然后将其转换为灰度图像。

步骤6 选择图层2，选择【编辑】/【描边】命令，弹出"描边"对话框，设置宽度为3px，描边颜色为"白色"，单击 确定 按钮，对图层2进行描边。按相同方法对图层3进行描边，如图63-4所示。

图63-3 去色

图63-4 描边图层

步骤7 选择横排文字工具**T**，在属性栏中设置字体格式为"文鼎圆立体、18点、白色"，输入文本"模特世界"，如图63-5所示。

步骤8 选择背景图层，选择【滤镜】/【风格化】/【凸出】命令，弹出"凸出"对话框，保持参数默认设置不变，单击 确定 按钮，最终效果如图63-6所示。

图63-5 输入文本

图63-6 最终效果

魔法档案

　　"去色"命令并不是将图像的颜色模式转换为灰度模式，而只是去除图像的色彩，图像仍然为原有的颜色模式。

第64例　匹　配　颜　色

素　材：\素材\第3章\匹配颜色
源文件：\源文件\第3章\匹配颜色.psd

知识要点	制作要领
★ 创建选区 ★ 匹配颜色 ★ 输入文本	★ 选择匹配源，并设置明亮度、颜色强度和渐隐等参数

步骤讲解

步骤1　打开"匹配颜色1.jpg"、"匹配颜色2.jpg"、"匹配颜色3.jpg"、"匹配颜色4.jpg"图像文件，使用矩形选框工具在"匹配颜色1.jpg"图像文件窗口中创建如图64-1所示的选区。

步骤2　选择【图像】/【调整】/【匹配颜色】命令，弹出"匹配颜色"对话框，设置源为"匹配颜色2.jpg"，明亮度、颜色强度和渐隐分别为"30、50、

30"，单击 确定 按钮，如图64-2所示。

步骤3 返回图像文件窗口，按【Ctrl+D】键取消选区，查看匹配颜色后的效果，如图64-3所示。

图64-1　创建选区　　　　　图64-2　"匹配颜色"对话框　　　　图64-3　匹配颜色后的效果

步骤4 使用矩形选框工具 在"匹配颜色1.jpg"图像文件窗口中创建如图64-4所示的选区。

步骤5 选择【图像】/【调整】/【匹配颜色】命令，弹出"匹配颜色"对话框，设置源为"匹配颜色3.jpg"，明亮度、颜色强度和渐隐分别为"60、100、30"，单击 确定 按钮，如图64-5所示。

步骤6 返回图像文件窗口，按【Ctrl+D】键取消选区，查看匹配颜色后的效果，如图64-6所示。

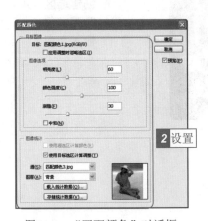

图64-4　创建选区　　　　　图64-5　"匹配颜色"对话框　　　　图64-6　匹配颜色后的效果

步骤7 使用矩形选框工具 在"匹配颜色1.jpg"图像文件窗口中创建如图64-7所示的选区。

步骤8 选择【图像】/【调整】/【匹配颜色】命令，弹出"匹配颜色"对话框，设置源为"匹配颜色4.jpg"，明亮度、颜色强度和渐隐分别为"20、150、

"10"，单击 _____确定_____ 按钮，如图64-8所示。

步骤9 返回图像文件窗口，按【Ctrl+D】键取消选区。选择直排文字工具 **T**，在属性栏中设置字体格式为"黑体、36点、黄色"，输入文本"匹配颜色"，最终效果如图64-9所示。

图64-7　创建选区

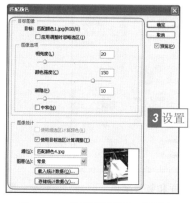
图64-8　"匹配颜色"对话框

图64-9　最终效果

第65例　替换颜色

素　材：\素材\第3章\气球与少女.jpg
源文件：\源文件\第3章\气球与少女.psd

> **知识要点**
> ★ 创建选区
> ★ 颜色取样
> ★ 替换颜色

> **制作要领**
> ★ 通过设置颜色容差改变颜色取样区域大小

步骤1 打开"气球与少女.jpg"图像文件，使用快速选择工具 创建气球选区。选择【图像】/【调整】/【替换颜色】命令，弹出"替换颜色"对话框，设置颜色容差为200，在气球图像上单击取样。

步骤2 设置色相、饱和度和明度分别为 "-140、20、15"，单击 **确定** 按钮，如图65-1所示。返回图像文件窗口，按【Ctrl+D】键取消选区，效果如图65-2所示。

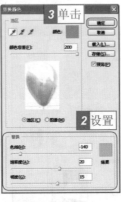

图65-1　取样和替换颜色　　　　　　　　　图65-2　替换颜色后的效果

步骤3 按照步骤1和步骤2的方法，创建衣服选区，并在"替换颜色"对话框中设置色相、饱和度和明度分别为 "-110、70、10"，单击 **确定** 按钮，如图65-3所示。

步骤4 返回图像文件窗口，按【Ctrl+D】键取消选区，最终效果如图65-4所示。

图65-3　取样和替换颜色　　　　　　　　　图65-4　最终效果

魔法档案

在"替换颜色"对话框中单击"添加到取样"按钮，然后在图像中不同颜色位置单击取样，可添加颜色区域；单击"从取样中减去"按钮，然后在图像中不同颜色位置单击取样，可减去不需要的颜色区域。

第66例　调整可选颜色

素　材：\素材\第3章\个性女郎.jpg
源文件：\源文件\第3章\个性女郎.psd

知 识 要 点	制 作 要 领
★ 可选颜色	★ 设置可选颜色
★ 创建和羽化选区	
★ 应用图层样式	

步骤讲解

步骤1 打开如图66-1所示的"个性女郎.jpg"图像文件，选择【图像】/【调整】/【可选颜色】命令，弹出"可选颜色"对话框，在"颜色"下拉列表框中选择"中性色"选项，设置参数为"-20%、50%、30%、-40%"，如图66-2所示。

图66-1　打开图像文件

图66-2　设置可选颜色

步骤2 在"颜色"下拉列表框中选择"白色"选项，设置参数为"100%、-100%、-80%、80%"，单击 确定 按钮，如图66-3所示。

步骤3 使用快速选择工具 创建人物图像选区，并设置其羽化半径为"3像素"，如图66-4所示。按【Shift+Ctrl+I】键反选选区，按【Ctrl+J】键复制生成图层1。

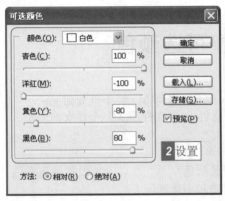

图66-3 设置可选颜色

图66-4 创建和羽化选区

步骤4 在"样式"控制面板中选择"拼图（图像）"选项 ■，为图层1应用该图层样式，最终效果如图66-5所示。

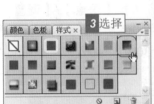

图66-5 最终效果

魔法档案

在"可选颜色"对话框中选中 **⊙相对(R)** 单选按钮，则按原有颜色总量的百分比来调整颜色，如当前图像有50%的绿色，如果增加了10%，那么增加后的绿色为55%；选中 **绝对(A)** 单选按钮，则调整颜色的绝对值，如增加了10%的绿色，那么增加后的绿色为60%。

第67例　通 道 混 合

 素　材：\素材\第3章\通道混合
源文件：\源文件\第3章\通道混合.psd

知识要点
★ 应用图层样式
★ 通道混合器
★ 调整亮度/对比度

制作要领
★ 设置不同颜色的
　 通道

步骤讲解

步骤1　新建一个大小为"600像素×800像素"，分辨率为"180像素/英寸"，背景色为"白色"的文件，并命名为"通道混合"。按【Ctrl+J】键复制生成图层1。

步骤2　选择"样式"控制面板中的"染色丝带（纹理）"选项，为图层1应用该图层样式，如图67-1所示。

步骤3　打开"红色通道.jpg"、"绿色通道.jpg"、"蓝色通道.jpg"图像文件，分别将其移至"通道混合"图像文件中，生成图层2～4，调整其大小和位置，如图67-2所示。

图67-1　应用图层样式

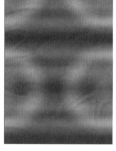
图67-2　复制和调整图像

步骤4　单击图层2，选择【图像】/【调整】/【通道混合器】命令，弹出"通道混和器"对话框。设置输出通道为"红"，红色、绿色和蓝色分别为"200%、100%、50%"，单击 确定 按钮，如图67-3所示。

步骤5　单击图层3，按步骤4的方法，设置输出通道为"绿"，红色、绿色和蓝色分别为"40%、200%、40%"，如图67-4所示。

图67-3　设置红通道

图67-4　设置绿通道的效果

步骤6　单击图层4，按步骤4的方法，设置输出通道为"蓝"，红色、绿色和蓝色均为200%，效果如图67-5所示。

步骤7　按【Shift+Ctrl+E】键合并可见图层，选择【图像】/【调整】/【亮度/对

比度】命令，弹出"亮度/对比度"对话框，设置亮度和对比度分别为
"90、-20"，单击 确定 按钮，如图67-6所示。

步骤8 返回图像文件窗口，最终效果如图67-7所示。

图67-5　设置蓝通道的效果　　　图67-6　设置亮度/对比度　　　图67-7　最终效果

魔法档案

在"通道混和器"对话框中，"常数"数值框用于设置通道的不透明度，数值为负时，通道颜色偏向黑色，反之则偏向白色；选中☑单色(H)复选框，可将彩色图像变为灰度图像。

第68例　渐　变　之　美

素　材：\素材\第3章\花与蝶.jpg
源文件：\源文件\第3章\花与蝶.psd

知识要点	制作要领
★ 渐变映射	★ 选择渐变映射类型
★ "玻璃"滤镜	
★ 擦除图像	
★ 输入文本	

步骤1 打开"花与蝶.jpg"图像文件，选择【图像】/【调整】/【渐变映射】命令，弹出"渐变映射"对话框，在"灰度映射所用的渐变"下拉列表框中选择"蓝色、红色、黄色"选项■，单击 确定 按钮，如图68-1所示。

步骤2 按【Ctrl+J】键复制生成图层1，选择【滤镜】/【扭曲】/【玻璃】命令，弹出"玻璃"对话框，保持参数默认设置不变，单击 确定 按钮，如图68-2所示。

图68-1 渐变映射

图68-2 "玻璃"对话框

步骤3 返回图像文件窗口，查看应用"玻璃"滤镜后的效果，如图68-3所示。

步骤4 选择橡皮擦工具 ，在属性栏中设置画笔类型为"柔角65像素"，在蝴蝶图像上进行擦除，如图68-4所示。

图68-3 应用"玻璃"滤镜后的效果

图68-4 擦除图像

步骤5 选择直排文字工具 **T**，在属性栏中设置其字体格式为"方正彩云简体、72点、白色"，输入文本"渐变之美"，最终效果如图68-5所示。

图68-5 最终效果

在"渐变映射"对话框中选中☑**仿色(D)**复选框，可实现抖动渐变；选中☑**反向(R)**复选框，可实现反转渐变。

第69例　妙用照片滤镜

素　材：\素材\第3章\持花少女.jpg
源文件：\源文件\第3章\持花少女.psd

知识要点	制作要领
★ 创建和羽化选区	★ 选择照片滤镜类型
★ 照片滤镜	★ 设置颜色浓度
★ 输入文本	

步骤讲解

步骤1　打开"持花少女.jpg"图像文件，使用快速选择工具 ✎ 创建人物图像选区，并设置其羽化半径为"5像素"，如图69-1所示。

步骤2　按【Shift+Ctrl+I】键反选选区，选择【图像】/【调整】/【照片滤镜】命令，弹出"照片滤镜"对话框，在"滤镜"下拉列表框中选择"加温滤镜（81）"选项，设置浓度为100%，单击 确定 按钮，如图69-2所示。

步骤3　按【Ctrl+D】键取消选区，按步骤1的方法，创建和羽化衣服图像选区。

步骤4　按步骤2的方法，为衣服图像选区设置滤镜类型为"冷却滤镜（82）"，浓度为100%的照片滤镜。按【Ctrl+D】键取消选区，如图69-3所示。

图69-1　创建并羽化选区　　　图69-2　设置滤镜　　　图69-3　效果

步骤5　选择直排文字工具 **IT**，在属性栏中设置其字体格式为"方正行楷简体、72

点、紫色",输入文本"妙用照片滤镜",最终效果如图69-4所示。

图69-4 最终效果

魔法档案

在"照片滤镜"对话框中选中 ◉颜色(C):单选按钮,再单击右侧的颜色框,可在弹出的"选择滤镜颜色:"对话框中重新设置颜色。

第70例 调整阴影/高光

素 材:\素材\第3章\守望田野.jpg
源文件:\源文件\第3章\守望田野.psd

知识要点
★ 创建并羽化选区
★ 阴影/高光
★ 亮度/对比度
★ 输入文本

制作要领
★ 调整阴影/高光的方法

步骤1 打开"守望田野.jpg"图像文件,使用椭圆选框工具◯创建一个椭圆选区,并设置其羽化半径为"50像素",如图70-1所示。

步骤2 选择【图像】/【调整】/【阴影/高光】命令,弹出"阴影/高光"对话框,设置阴影和高光分别为"100%、0%",单击 确定 按钮,如图70-2所示。

步骤3 选择【图像】/【调整】/【亮度/对比度】命令,弹出"亮度/对比度"对话框,设置亮度和对比度分别为"30、50",单击 确定 按钮,如图70-3所示。

步骤4 按【Shift+Ctrl+I】键反选选区,按步骤2的方法,设置阴影和高光分别为"0%、80%",效果如图70-4所示。

图70-1　创建和羽化选区　图70-2　设置阴影/高光　图70-3　设置亮度/对比度　图70-4　设置阴影/高光

步骤5　选择【滤镜】/【模糊】/【径向模糊】命令，弹出"径向模糊"对话框，选中⊙缩放(Z)和⊙最好(B)单选按钮，设置数量为30，单击　确定　按钮，如图70-5所示。

步骤6　返回图像文件窗口，按【Ctrl+D】键取消选区，如图70-6所示。

步骤7　选择横排文字工具T，在属性栏中设置字体格式为"文鼎潇洒体、48点、白色"，输入文本"Keep watching in the field"，最终效果如图70-7所示。

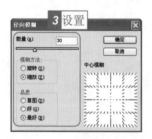  

图70-5　"径向模糊"对话框　　图70-6　应用"径向模糊"滤镜　　图70-7　最终效果

第71例　精彩曝光

素　材：\素材\第3章\人物造型.jpg
源文件：\源文件\第3章\精彩曝光.psd

知识要点　　　　　　制作要领
★ 曝光度　　　　　★ 曝光度的调整方法
★ "旋转扭曲"滤镜
★ 擦除图像
★ 输入文本

步骤讲解

步骤1 打开"人物造型.jpg"图像文件,选择【图像】/【调整】/【曝光度】命令,弹出"曝光度"对话框。设置曝光度、位移和灰度系数校正分别为"3、−0.35、0.5",单击 确定 按钮,如图71-1所示。

步骤2 按【Ctrl+J】键复制生成图层1,选择【滤镜】/【扭曲】/【旋转扭曲】命令,弹出"旋转扭曲"对话框。设置角度为"360度",单击 确定 按钮,如图71-2所示。返回图像文件窗口,效果如图71-3所示。

图71-1 调整曝光度

图71-2 "旋转扭曲"对话框

图71-3 应用滤镜的效果

步骤3 选择橡皮擦工具 ,在属性栏中设置画笔类型为"柔角200像素",不透明度和流量分别为"50%、30%",在人物图像位置进行擦除,如图71-4 所示。

步骤4 选择直排文字工具 T,在属性栏中设置其字体格式为"方正粗活意简体、48点、黄色",输入文本"精彩曝光",最终效果如图71-5所示。

图71-4 擦除图像

图71-5 最终效果

原来灵活地调整曝光度,并与其他操作相结合,就能制作出这么漂亮的效果,太棒了!

魔法档案
"曝光度"数值框用于设置曝光的强弱;"位移"数值框用于调整光源和图像的距离,范围为−0.5~0.5;"灰度系数校正"数值框用于调整灰度强弱,范围为0.10~9.99。

第72例 反相胶卷

素　材：\素材\第3章\照片
源文件：\源文件\第3章\反相胶卷.psd

知识要点
★ 创建并填充选区
★ 反相
★ "波浪" 滤镜

制作要领
★ 应用 "反相" 命令

步骤讲解

步骤1 新建一个大小为 "20厘米×15厘米"，分辨率为 "150像素/英寸"，名称为 "反相胶卷" 的图像文件。新建图层1，使用矩形选框工具█创建矩形选区，按【Alt+Delete】键将其填充为黑色，按【Ctrl+D】键取消选区，如图72-1所示。

步骤2 打开 "照片" 素材文件夹中的全部图像文件，将其分别复制至 "反相胶卷" 图像文件窗口中，并调整其大小和位置，生成图层2~5，如图72-2所示。

步骤3 按住【Ctrl】键，选择图层2~5，按【Ctrl+E】键合并为图层5。选择【图像】/【调整】/【反相】命令，制作出底片效果，如图72-3所示。

图72-1　创建并填充选区　　　　图72-2　复制并调整图像　　　　图72-3　反相

步骤4 新建图层6，选择矩形选框工具█，按住【Shift】键创建一个正方形选区，按【Ctrl+Delete】键将其填充为白色，按【Ctrl+D】键取消选区，如图72-4所示。

步骤5 按【Ctrl+J】键复制生成图层6副本，使用移动工具►⊕调整其位置。重复上述操作直至生成图层6副本30。按住【Shift】键，分别单击图层6和图层6副本30，选择它们之间的所有图层，按【Ctrl+E】键合并为图层6副本30。

一学就会魔法书

步骤6 按【Ctrl+J】键复制生成图层6副本31，使用移动工具 调整其位置，制作出胶卷边框效果，如图72-5所示。

图72-4 创建并填充选区　　　　　　图72-5 制作胶卷边框效果

步骤7 选择除背景图层以外的所有图层，按【Ctrl+E】键合并为图层6副本31。

步骤8 选择【滤镜】/【扭曲】/【波浪】命令，弹出"波浪"对话框，设置生成器数为1、波长为"100、400"、波幅为"20，150"、比例为"1、100"，单击 确定 按钮，如图72-6所示。

步骤9 返回图像文件窗口，最终效果如图72-7所示。

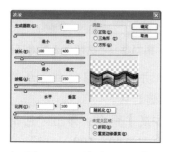

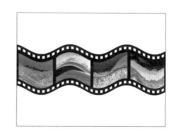

图72-6 "波浪"对话框　　　　　　图72-7 最终效果

第73例 均化艺术

素　材：\素材\第3章\淡雅.jpg
源文件：\源文件\第3章\均化艺术.psd

知 识 要 点
★ 色调均化
★ "扩散亮光"滤镜
★ 色相/饱和度
★ 输入文本

制 作 要 领
★ 应用"色调均化"命令

步骤讲解

步骤1　打开"淡雅.jpg"图像文件，选择【图像】/【调整】/【色调均化】命令，改变图像整体色调和对比度，如图73-1所示。

步骤2　选择【滤镜】/【扭曲】/【扩散亮光】命令，弹出"扩散亮光"对话框，设置粒度、发光量和清除数量分别为"0、10、8"，单击 确定 按钮，如图73-2所示。

图73-1　色调均化效果　　　　　图73-2　"扩散亮光"对话框

步骤3　使用矩形选框工具 创建矩形选区，并设置其羽化半径为"100像素"，如图73-3所示。按【Shift+Ctrl+I】键反选选区。

步骤4　选择【图像】/【调整】/【色相/饱和度】命令，弹出"色相/饱和度"对话框，设置色相、饱和度和明度分别为"-180、100、-15"，单击 确定 按钮，如图73-4所示。

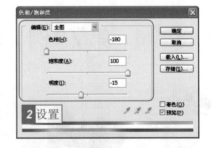

图73-3　创建并羽化选区　　　　图73-4　"色相/饱和度"对话框

步骤5　返回图像文件窗口，按【Ctrl+D】键取消选区，效果如图73-5所示。

步骤6　选择横排文字工具 T，在属性栏中设置字体格式为"方正新舒体简体、72点、紫色"，输入文本"均化艺术"，最终效果如图73-6所示。

图73-5　调整色相/饱和度后的效果

图73-6　最终效果

第74例　双色艺术

素　材：\素材\第3章\人物.jpg
源文件：\源文件\第3章\双色艺术.psd

知识要点　　　　制作要领

★ 阈值　　　　　★ 设置阈值色阶
★ 载入和填充选区
★ 输入文本

步骤讲解

步骤1　打开"人物.jpg"图像文件，选择【图像】/【调整】/【阈值】命令，弹出"阈值"对话框，设置阈值色阶为116，单击 确定 按钮，如图74-1所示。

步骤2　按住【Ctrl】键，在"通道"控制面板中单击任意通道的缩略图，载入白色部分的选区，如图74-2所示。

图74-1　设置阈值色阶

图74-2　载入白色选区

步骤3 新建图层1，选择【编辑】/【填充】命令，弹出"填充"对话框，在"使用"下拉列表框中选择"颜色"选项，在弹出的"选取一种颜色："对话框中设置颜色为"深黄色（ffb400）"，依次单击 确定 按钮，如图74-3所示。

图74-3 设置填充颜色

步骤4 返回图像文件窗口，按【Ctrl+D】键取消选区，如图74-4所示。

步骤5 选择直排文字工具 **T**，在属性栏中设置字体格式为"方正行楷简体、100点、黑色"，输入文本"双色艺术"，最终效果如图74-5所示。

图74-4 填充颜色后的效果　　　　　　　图74-5 最终效果

第75例 色调分离

素　材：\素材\第3章\男士.jpg
源文件：\源文件\第3章\色调分离.psd

知 识 要 点
★ 色调分离
★ 图像去色
★ 应用图层样式
★ 输入文本

制 作 要 领
★ 设置"色调分离"对话框中的色阶

 步骤讲解

步骤1 打开"男士.jpg"图像文件，选择【图像】/【调整】/【色调分离】命令，弹出"色调分离"对话框，设置色阶为2，单击 确定 按钮，如图75-1所示。

步骤2 按【Shift+Ctrl+U】键将图像去色，如图75-2所示。

图75-1　色调分离　　　　　　　　　　图75-2　图像去色

步骤3 使用魔棒工具创建白色背景选区，按【Ctrl+J】键复制生成图层1，并设置图层1的不透明度为50%。选择"样式"控制面板中的"条纹锥形（按钮）"选项，如图75-3所示。

步骤4 选择横排文字工具，在属性栏中设置字体为"方正超粗黑简体"，大小为"48点"，先输入白色的文本"COOL"，再输入黑色的文本"MAN"，最终效果如图75-4所示。

图75-3　应用图层样式　　　　　　　　图75-4　最终效果

 魔法档案

　　"色调分离"命令可以将图像中的通道映射为最接近的匹配色调，减少并分离图像的色调。

第76例 变化万千

素　材：\素材\第3章\女士.jpg
源文件：\源文件\第3章\变化万千.psd

知识要点	制作要领
★ 创建选区 ★ 复制图层 ★ "变化"命令 ★ 描边	★ 在"变化"对话框中调整图像的色调

　步骤讲解

步骤1　打开"女士.jpg"图像文件，使用矩形选框工具 ，创建如图76-1所示的选区，按【Ctrl+J】键复制生成图层1。

步骤2　选择【图像】/【调整】/【变化】命令，弹出"变化"对话框，单击两次"加深洋红"选项，单击 确定 按钮，如图76-2所示。

步骤3　返回图像文件窗口，选择背景图层，按步骤1的方法创建如图76-3所示的选区，按【Ctrl+J】键复制生成图层2。

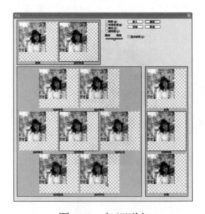

图76-1　创建选区　　　　图76-2　加深洋红　　　　图76-3　创建选区

步骤4　按步骤2的方法，在"变化"对话框中单击4次"加深青色"选项，单击 确定 按钮，如图76-4所示。

步骤5　返回图像文件窗口，选择背景图层，按步骤1的方法创建如图76-5所示的选

一学就会魔法书

区，按【Ctrl+J】键复制生成图层3。

步骤6 按步骤2的方法，在"变化"对话框中单击4次"加深黄色"选项，单击 确定 按钮，如图76-6所示。

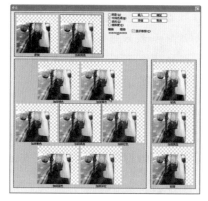

图76-4　加深青色　　　　　　图76-5　创建选区　　　　　　图76-6　加深黄色

步骤7 选择图层1，选择【图层】/【图层样式】/【描边】命令，弹出"图层样式"对话框，设置颜色为"白色"，单击 确定 按钮，如图76-7所示。

步骤8 按步骤7的方法，分别为图层2、3应用"描边"图层样式，最终效果如图76-8所示。

魔法档案

在"变化"对话框中选中☑显示修剪(C)复选框，可以显示图像的溢色区域，避免调整后出现溢色的现象。

图76-7　设置"描边"图层样式　　　图76-8　最终效果

 过关练习

（1）打开"童年"素材文件夹中的图像（光盘:\素材\第3章\童年），制作如下图所示的相片效果（光盘:\源文件\第3章\练习1.psd）。

提示：

❖ 调整"小女孩.jpg"图像文件的曲线、
色相/饱和度和曝光度。

❖ 在"相框.jpg"图像文件中创建、存储
和载入选区。

❖ 复制移动"小女孩.jpg"图像文件。

练习1

（2）打开"水墨画.jpg"图像文件（光盘:\素材\第3章\水墨画.jpg），制作如下图所
示的水墨画封面（光盘:\源文件\第3章\练习2.psd）。

提示：

❖ 对图像应用"纹理化"滤镜。

❖ 选择"变化"命令，对图像加深黄色
和红色。

❖ 调整阴影/高光和亮度/对比度。

❖ 输入直排文本，设置字体格式为"方
正隶二繁体、72点、黑色"。

练习2

第4章

制作文字特效

多媒体教学演示：40分钟

小魔女，你看这么多文字特效都是使用Photoshop制作出来的。

小魔女：魔法师，您看这张平面设计作品上的文字是什么字体呢？

魔法师：哦？让我看看。嗯，这里面的文字样式并不是字体，而是设计者使用Photoshop制作的特效。

小魔女：文字也可以制作出特效啊？

魔法师：是的，用户既可以使用Photoshop直接设置文字材质，也可以根据照片的具体情况制作文字特效。

小魔女：道理我记住了，可是我具体该怎么做呢。

魔法师：不用急，下面我们就通过实例一个一个地来学习。

第77例 彩虹文字

素 材：无
源文件：\源文件\第4章\彩虹文字.jpg

知识要点
★新建文件
★创建通道
★输入文字
★使用渐变工具

制作要领
★输入文字后创建
通道

 步骤讲解

步骤1 新建一个大小为"450像素×300像素"，分辨率为"100像素/英寸"的文件，然后使用油漆桶工具将背景图层填充为黑色。

步骤2 单击"通道"面板下方的"创建新通道"按钮 ⬇️，新建Alpha 1通道。

步骤3 将前景色设置为"白色"，选择文字工具 T，按如图77-1所示设置属性栏。

| T ▾ | ⇅ | 黑体 ▾ | - ▾ | ⊤ 72点 ▾ | aa 浑厚 ▾ | ▤ ▤ ▤ | ☐ | ⤸ | ▤ |

图77-1 设置属性栏

步骤4 在图像窗口中输入"不夜城"，然后在"通道"面板中选择Alpha 1通道，将其拖动至面板下方的"创建新通道"按钮 ⬇️ 上，如图77-2所示。复制出一个新通道，默认名称为"Alpha 1副本"。

图77-2 复制通道

步骤5　在"通道"面板中单击"Alpha 1副本"通道，然后选择【滤镜】/【其他】/【位移】命令。

步骤6　在弹出的"位移"对话框中设置如图77-3所示的参数，然后单击 确定 按钮。

步骤7　选择【图像】/【计算】命令，在弹出的"计算"对话框中设置如图77-4所示的参数，然后单击 确定 按钮，在"通道"面板中生成Alpha 2通道。

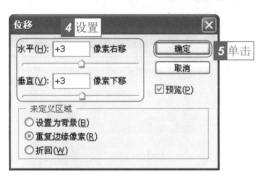

图77-3　设置位移

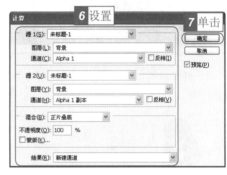

图77-4　"计算"对话框

步骤8　按住【Ctrl】键，同时单击Alpha 2通道载入选区，然后在"图层"控制面板中新建图层1。

步骤9　选择工具箱中的渐变工具，在其属性栏中选择"线性渐变"按钮，在"模式"下拉列表框中选择"颜色"选项，在"渐变"拾色器中选择"透明彩虹"选项，如图77-5所示。

图77-5　设置属性栏

步骤10　在图像窗口中从左上方向右下方拖动鼠标，当文字显示出如图77-6所示的霓虹灯效果后，释放鼠标。

步骤11　按【Ctrl+D】键取消选区，最终效果如图77-7所示。

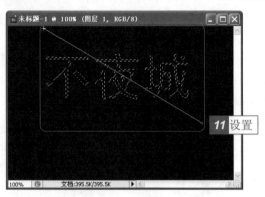
图77-6 设置渐变

图77-7 最终效果

这种文字效果好像霓虹灯啊。

哈哈，如果你为"图层1"添加外发光的图层样式，那就更像了。

第78例 雕 刻 文 字

素　材：无
源文件：\源文件\第4章\雕刻文字.psd

知 识 要 点	制 作 要 领
★填充图层	★设置图层样式
★输入文字	
★设置"斜面和浮雕"	
★设置"纹理"	

步骤1 新建一个大小为"450像素×300像素"，分辨率为"100像素/英寸"的文件，然后使用油漆桶工具将背景图层填充为黑色。

步骤2 将前景色设置为"白色",选择文字工具 T,按如图78-1所示设置属性栏,然后在图像窗口中输入文字"雕刻时光"。

图78-1 设置属性栏

步骤3 单击"图层"控制面板中的"添加图层样式"按钮 *fx*,然后在弹出的下拉菜单中选择"斜面和浮雕"命令,接着在弹出的"图层样式"对话框中按如图78-2所示设置参数。

步骤4 选中 ☑纹理 复选框,然后在"图案"下拉列表框中选择"分子"选项,其余参数按如图78-3所示进行设置。

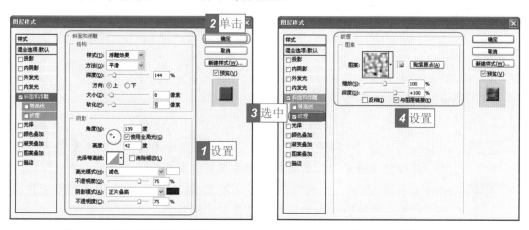

图78-2 设置"斜面和浮雕"   图78-3 设置"纹理"

步骤5 单击 确定 按钮,最终效果如图78-4所示。

从最终效果中可以看出,设置了纹理后的浮雕更具质感。

图78-4 最终效果

第79例　水晶文字

素　材：无
源文件：\源文件\第4章\水晶文字.psd

知 识 要 点	制 作 要 领
★ 输入文字	★ 使用滤镜
★ 建立选区	
★ 添加滤镜效果	
★ 使用渐变工具	

步骤讲解

步骤1 新建一个大小为"450像素×300像素"，分辨率为"100像素/英寸"的文件，然后使用油漆桶工具将背景图层填充为黑色。

步骤2 将前景色设置为"白色"，选择文字工具 **T**，按如图79-1所示设置属性栏，然后在图像窗口中输入文字"晶莹剔透"。

T ▾	〔T〕	隶书 ▾	- ▾	⟦T〕72点 ▾	aa 浑厚 ▾	〖≣≣≣〗	□	〖⟧	〖⟧

图79-1　设置属性栏

步骤3 在"图层"控制面板中右击文字图层，在弹出的快捷菜单中选择"栅格化文字"命令，此时图层名称自动变为"晶莹剔透"。

步骤4 选择【选择】/【色彩范围】命令，在弹出的"色彩范围"对话框中单击文字所在的白色区域，然后单击 〔 **确定** 〕按钮建立选区，如图79-2所示。

魔法档案

　　如果在"色彩范围"对话框中无法确定是否创建了所需要的选区，可以按【Ctrl+D】键将其取消，然后再在"色彩范围"对话框中重新进行选择。

步骤5 选择【滤镜】/【模糊】/【动感模糊】命令，在弹出的"动感模糊"对话框中将角度设置为"-45度"，距离为"50像素"，单击 〔 **确定** 〕按钮，如图79-3所示。

一学就会魔法书

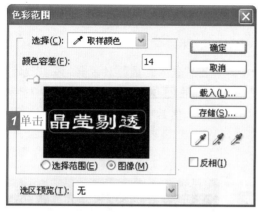

图79-2 创建选区

图79-3 设置"动感模糊"

步骤6 选择【滤镜】/【风格化】/【查找边缘】命令，为晶莹剔透图层增加特效。

步骤7 按【Ctrl+L】键弹出"色阶"对话框，在对话框中将输入色阶设置为"0、1.00、210"，然后单击 确定 按钮，如图79-4所示。

步骤8 按【Ctrl+D】键取消选区，在工具箱中选择画笔工具 ，在属性栏中单击"画笔"下拉列表框右侧的 按钮，再在打开的"画笔预设"选取器中单击 按钮，在弹出的菜单中选择"混合画笔"命令。

步骤9 在弹出的提示框中单击 确定 按钮。

步骤10 返回到"画笔预设"选取器中，选择"星形放射-大"选项 ，在晶莹剔透图层中的文字周围单击，为文字添加闪光效果，如图79-5所示。

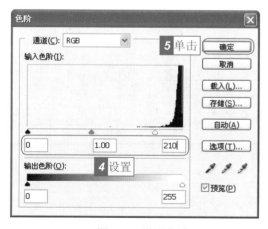

图79-4 设置色阶

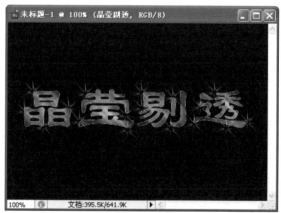

图79-5 添加闪光效果

步骤11 在工具箱中选择渐变工具 ，选择"透明彩虹"选项 ，在属性栏中单击"线性渐变"按钮 ，在"模式"列表框中选择"颜色"选项，将不透明度设置为70%，如图79-6所示。

图79-6　设置选项栏

步骤12 选择【选择】/【载入选区】命令，弹出"载入选区"对话框，在"通道"下拉
列表框中选择"晶莹剔透透明"选项，单击 ▭确定▭ 按钮，如图79-7所示。

步骤13 在图像中从左上方向右下方拖动鼠标，然后释放鼠标，对文字设置渐变效
果，反复若干次，直到颜色符合要求为止，然后按【Ctrl+D】键取消选区，
最终效果如图79-8所示。

图79-7　选择填充图案

图79-8　最终效果

第80例　融化文字

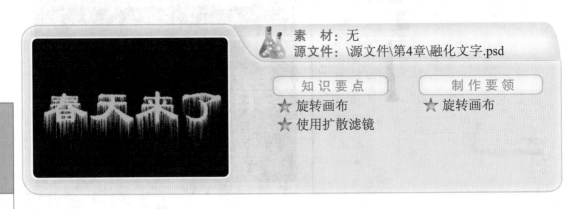

素　材：无
源文件：\源文件\第4章\融化文字.psd

知 识 要 点　　　　　制 作 要 领
★ 旋转画布　　　　★ 旋转画布
★ 使用扩散滤镜

步骤讲解

步骤1 新建一个大小为"450像素×300像素"，分辨率为"72像素/英寸"的文

件，然后使用油漆桶工具将背景图层填充为黑色。

步骤2 将前景色设置为"浅蓝色（R147，G233，B248）"，在工具箱中选择文字工具 T，按如图80-1所示设置属性栏，然后在图像窗口中输入文字"春天来了"。

| T ▾ | 'T | 隶书 ⌄ | - ⌄ | T 72点 ⌄ | ªª 浑厚 ⌄ | ▤ ▤ ▤ | | ✐ | ▤ |

图80-1 设置属性栏

步骤3 在"图层"控制面板中右击文字图层，然后在弹出的快捷菜单中选择"栅格化文字"命令，此时图层名称自动变为"春天来了"。

步骤4 选择【图像】/【旋转画布】/【90度（顺时针）】命令，将图像顺时针旋转90°。

步骤5 选择【滤镜】/【风格化】/【风】命令，在弹出的对话框中按如图80-2所示进行设置，然后单击 确定 按钮，接着按两次【Ctrl+F】键再重复执行两次"风"滤镜操作。

步骤6 选择【图像】/【旋转画布】/【90度（逆时针）】命令，将图像逆时针旋转90°，使其恢复为正常状态。

步骤7 选择【滤镜】/【风格化】/【扩散】命令，弹出"扩散"对话框，在对话框中按如图80-3所示进行设置。

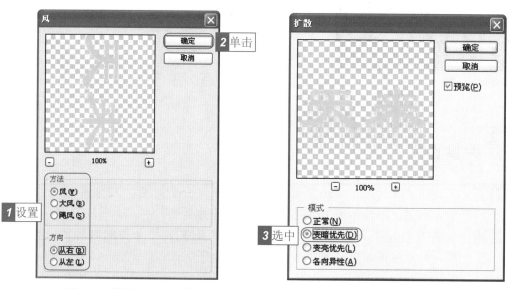

图80-2 设置"风"滤镜　　　　　图80-3 设置"扩散"滤镜

步骤8 单击 确定 按钮，最终效果如图80-4所示。

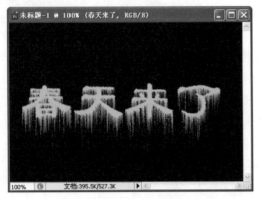

文字图层在栅格化后，被转换为一般图层，这时才能对其使用滤镜命令，否则将提示无法进行操作。

图80-4　最终效果

第81例　不锈钢文字

素　材：无
源文件：\源文件\第4章\不锈钢文字.psd

知识要点
★ 输入文字
★ 添加图层样式

制作要领
★ 为图层样式设置参数

步骤讲解

步骤1　新建一个大小为"450像素×300像素"，分辨率为"72像素/英寸"的文件，然后使用油漆桶工具将背景图层填充为黑色。

步骤2　将前景色设置为"白色"，选择文字工具 T，按如图81-1所示设置属性栏，然后在图像窗口中输入文字"糖果盒子"。

图81-1　设置属性栏

步骤3　单击"图层"控制面板中的"添加图层样式"按钮 ，在弹出的下拉菜单中选择"斜面和浮雕"命令，在弹出的对话框中按如图81-2所示设置参数。

步骤4 选中 ☑等高线 复选框，然后在"等高线"下拉列表框中选择"内凹-浅"选项，其余参数按如图81-3所示进行设置，然后单击 **确定** 按钮。

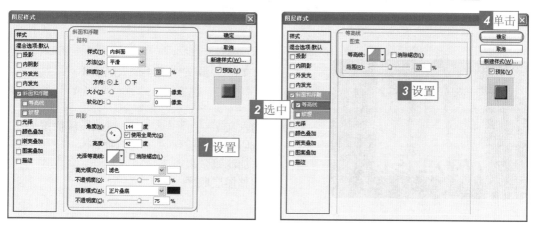

图81-2　设置"斜面和浮雕"　　　　　　　　图81-3　设置"等高线"

步骤5 单击"图层"控制面板中的"添加图层样式"按钮 **fx.**，在弹出的下拉菜单中选择"渐变叠加"命令，接着在弹出的对话框的"渐变"下拉列表框中选择"金属"中的"钢条"选项 ，其他参数按如图81-4所示进行设置。

步骤6 单击 **确定** 按钮，最终效果如图81-5所示。

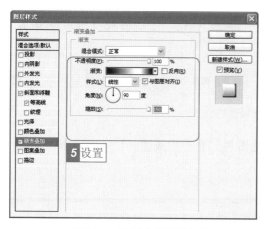

图81-4　设置"渐变叠加"

图81-5　最终效果

魔力测试

在配套光盘中的"源文件"文件夹中打开"不锈钢文字.psd"图像文件，在"图层"控制面板中的"糖果盒子"图层下方查看其使用的图层样式。

第82例 火焰文字

素 材：无
源文件：\源文件\第4章\火焰.psd

知识要点	制作要领
★ 输入文字	★ 修改图像模拟火
★ 盖印可见图层	焰形状
★ 添加滤镜效果	
★ 调整图层顺序	

 **步骤讲解**

步骤1 新建一个大小为"450像素×300像素"，分辨率为"72像素/英寸"的文件，然后使用油漆桶工具将背景图层填充为黑色。

步骤2 将前景色设置为"白色"，选择文字工具 T ，按如图82-1所示设置属性栏，然后在图像窗口中输入文字"满江红"。

图82-1　设置属性栏

步骤3 按【Shift+Ctrl+Alt+E】键盖印可见图层，自动生成图层1。

魔法档案
按【Shift+Ctrl+Alt+E】键可以执行盖印可见图层的操作，该操作将当前图片中的可见图层合并为一个新图层，同时保持可见图层的状态不变。

步骤4 选择【图像】/【旋转画布】/【90度（顺时针）】命令，将画面顺时针旋转90°。

步骤5 选择【滤镜】/【风格化】/【风】命令，在弹出的对话框中按如图82-2所示进行设置，然后单击 确定 按钮，接着按3次【Ctrl+F】键重复执行3次"风"滤镜操作。

步骤6 选择【图像】/【旋转画布】/【90度（逆时针）】命令，将画面逆时针旋转90°，使其恢复为初始状态。

步骤7 选择【滤镜】/【模糊】/【高斯模糊】命令，在弹出的对话框中设置半径为"4像素"，单击 确定 按钮，如图82-3所示。

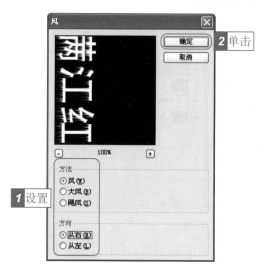

图82-2 设置"风"滤镜

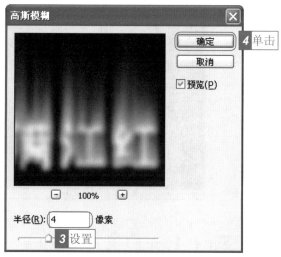

图82-3 设置"高斯模糊"滤镜

步骤8 按【Ctrl+U】键，在弹出的"色相/饱和度"对话框中选中☑着色(O)复选框，接着按如图82-4所示设置参数，然后单击 确定 按钮。

> **魔法档案**
> 用户在弹出的"色相/饱和度"对话框中选中☑着色(O)复选框，表示设置的参数将改变当前图层的整体颜色。

步骤9 按【Ctrl+J】键复制图层1生成图层1副本。接着按【Ctrl+U】键，在弹出的"色相/饱和度"对话框中设置明度为40，然后单击 确定 按钮，如图82-5所示。

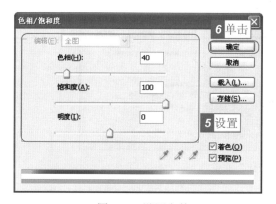

图82-4 设置参数

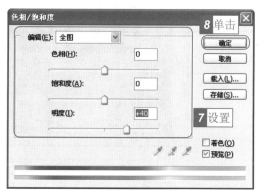

图82-5 设置参数

步骤10 在"图层"控制面板中将图层1副本的图层混合模式设置为"颜色减淡"，如图82-6所示。

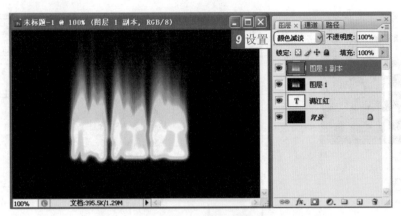

图82-6 设置图层混合模式

步骤11 按【Ctrl+E】键向下合并图层，电脑将自动删除图层1副本图层，然后选择【滤镜】/【液化】命令，在弹出的对话框中设置参数，如图82-7所示，单击"向前变形工具"按钮 ，拖动鼠标进行涂抹，模拟火焰的形状，最后单击 确定 按钮。

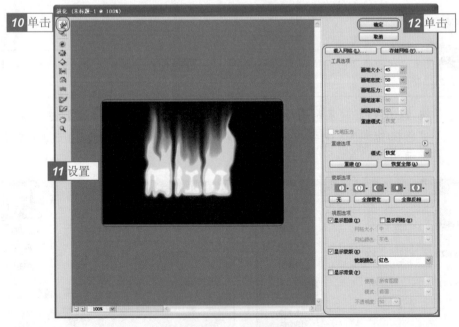

图82-7 设置"液化"滤镜

步骤12 在工具箱中选择涂抹工具 ，然后按如图82-8所示设置属性栏，接着在窗口中拖动鼠标进行涂抹，对火焰的形状进行微调。

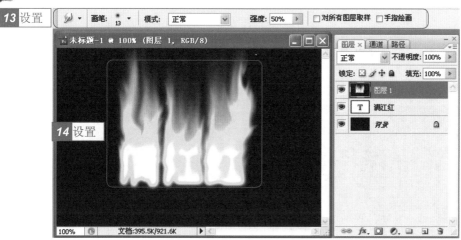

图82-8 调整火焰形状

魔法档案

　　在调整火焰形状时，主要是在火焰上部的红色区域拖动鼠标进行涂抹，使其扭曲、拉长，切忌使线条过于生硬、呆板。

步骤13 在"图层"控制面板中将文字图层"满江红"拖动至图层1的上方，然后释放鼠标，调整图层顺序。

步骤14 单击"图层"控制面板中的"添加图层样式"按钮 _fx_，然后在弹出的下拉菜单中选择"渐变叠加"命令，接着在弹出的对话框中直接单击 确定 按钮，最终效果如图82-9所示。

图82-9 最终效果

第83例　木刻文字

素　材：无
源文件：\源文件\第4章\木刻文字.psd

知 识 要 点
★ 输入文字
★ 添加样式
★ 添加图层样式

制 作 要 领
★ 选择填充样式

 步骤讲解

步骤1 新建一个大小为"450像素×300像素"，分辨率为"72像素/英寸"的文件，选择油漆桶工具，在属性栏的"设置填充区域的源"下拉列表框中选择"图案"选项，在"图案"拾色器中选择"木质"选项，然后在图像窗口中单击，对背景图层进行填充，如图83-1所示。

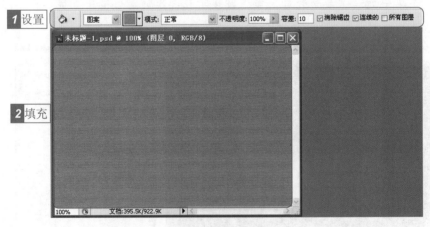

图83-1　设置属性栏

步骤2 将前景色设置为"白色"，选择文字工具，按如图83-2所示设置属性栏，其中字体大小为"150点"，然后在图像窗口中输入文字"天仙子"。

图83-2 设置属性栏

魔法档案

"字体大小"列表框中的选项是预置的，除了在下拉列表框中进行选择之外，用户还可以直接输入具体数值，实现默认选项以外的设置。

步骤3 单击"图层"控制面板中的"添加图层样式"按钮 *fx.*，在弹出的下拉菜单中选择"混合选项"命令，接着在弹出的对话框中单击 样式 按钮，在对话框中显示出"样式"栏。

步骤4 单击 ▶ 按钮，在弹出的菜单中选择"纹理"命令，然后在弹出的提示框中单击 确定 按钮。

步骤5 在"样式"栏中选择"橡木"选项 █，将该样式应用到文字图层中，然后单击 确定 按钮，如图83-3所示。

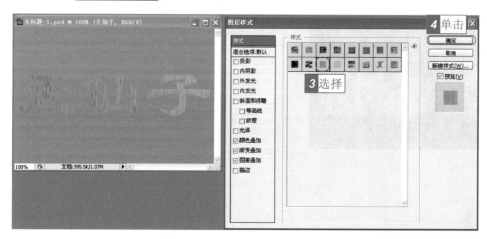

图83-3 设置"图层样式"对话框

步骤6 双击文字图层，在弹出的"图层样式"对话框中选中 ☑斜面和浮雕 复选框，按如图83-4所示设置参数。

魔法档案

双击图层后将弹出"图层样式"对话框，其作用和单击"图层"控制面板中的"添加图层样式"按钮 *fx.* 并在弹出的下拉菜单中选择命令的作用相同。

步骤7 单击 确定 按钮，为文本图层添加"斜面和浮雕"图层样式，最终效果如图83-5所示。

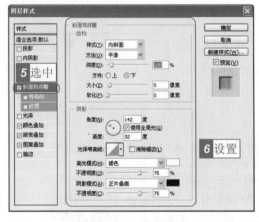

图83-4　设置图层样式

图83-5　最终效果

第84例　植 物 文 字

素　材：无
源文件：\源文件\第4章\植物文字.psd

知识要点
★ 输入文字
★ 建立选区
★ 使用涂抹工具
★ 使用画笔工具

制作要领
★ 绘制树叶

步骤1 新建一个大小为"450像素×300像素"，分辨率为"72像素/英寸"的文件，然后使用油漆桶工具将背景图层填充为黑色。

步骤2 按【Ctrl+J】键复制背景图层生成图层1。

步骤3 选择文字工具，将前景色设置为"暗黄色（R205，G150，B55）"，将属性栏设置为如图84-1所示，然后在图像窗口中输入文字"章台柳"。

图84-1　设置属性栏

步骤4 双击文字图层，在弹出的"图层样式"对话框中选中 ☑斜面和浮雕 复选框，按如图84-2所示设置参数，然后单击 确定 按钮。

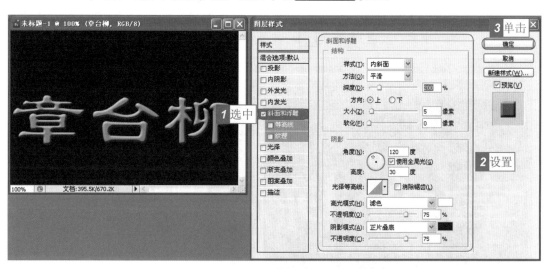

图84-2　设置图层样式

步骤5 按【Ctrl+E】键向下合并图层样式图层和文字图层。

步骤6 在工具箱中选择涂抹工具 ，在属性栏中设置强度为50%，在文字下方拖动鼠标涂抹出树根的形状，如图84-3所示。

图84-3　绘制树根形状

步骤7 在文字图层上方新建图层1，选择画笔工具 ，在属性栏中设置画笔样式为"硬边机械3像素" ，然后在文字上方拖动鼠标绘制依附在树上的藤蔓，如图84-4所示。

步骤8 在图层1图层上方新建图层2图层，然后将前景色设置为"绿色（R7，G253，B47）"。

步骤9 按【F5】键打开"画笔"面板，单击 画笔笔尖形状 按钮，然后选择"混合画笔"中的"纹理3"画笔 ，其他参数设置如图84-5所示。

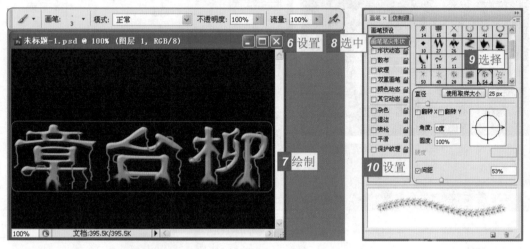

图84-4 绘制藤蔓　　　　　　　　　　　　　图84-5 设置参数

步骤10 在图像中拖动鼠标绘制树叶，最终效果如图84-6所示。

图84-6 最终效果

还记得有关章台柳的名句吗？"章台柳，章台柳，昔日青青今在否。纵使长条似旧垂，亦应攀折它人手。"

魔法档案

在本实例中为树枝和树叶各建一个图层，是为了方便在操作的过程中进行修改。

第85例 积雪文字

素 材：无
源文件：\源文件\第4章\积雪文字.psd

知 识 要 点
★ 输入文字
★ 添加图层样式
★ 使用画笔工具

制 作 要 领
★ 设置属性栏
★ 设置图层样式

步骤讲解

步骤1 新建一个大小为"450像素×300像素"，分辨率为"72像素/英寸"的文件，将前景色设置为"浅蓝色（R19，G210，B238）"，然后使用油漆桶工具填充背景图层。

步骤2 将前景色设置为"乳白色（R230，G230，B230）"，再选择文字工具 T，按如图85-1所示设置属性栏，然后在图像窗口中输入文字"广寒宫"。

| T · | ↓T | 隶书 ∨ | - ∨ | T 150 点 ∨ | aa 平滑 ∨ | 三 三 三 | □ | ♪ | 🗐 |

图85-1 设置属性栏

在这个例子中为什么要将背景颜色设置为浅蓝色呢？

由于这个例子要制作出文字上积雪的效果，所以使用冷色调的蓝色，使整个图片的效果更加和谐。

步骤3 在"图层"控制面板中双击文字图层，弹出"图层样式"对话框。

步骤4 选中 ☑斜面和浮雕 复选框，设置参数如图85-2所示。

步骤5 选中 ☑投影 复选框，设置参数如图85-3所示。

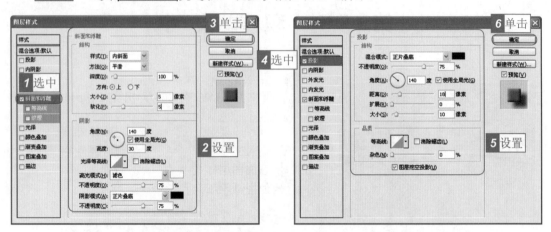

图85-2　设置斜面和浮雕　　　　　　　　　　图85-3　设置投影

步骤6 选中 ☑描边 复选框，单击 颜色： 按钮，在弹出的"选取描边颜色："对话框中设置参数如图85-4所示，然后单击 确定 按钮。

步骤7 返回到"图层样式"对话框，设置参数如图85-5所示，然后单击 确定 按钮。

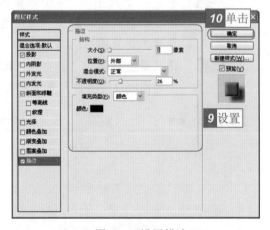

图85-4　选取描边颜色　　　　　　　　　　图85-5　设置描边

步骤8 选择【图层】/【图层样式】/【创建图层】命令，在弹出的提示框中单击 确定 按钮，新建带图层样式的图层。

步骤9 选择"'广寒宫'的投影"图层，选择【编辑】/【变换】/【扭曲】命令，打开变换调节框，拖动调节框角点，将投影变形为如图85-6所示，然后按【Enter】键确认变换。

步骤10 在图层最上方新建图层1，然后双击图层1弹出"图层样式"对话框，选中 ☑斜面和浮雕 复选框，在对话框中设置参数如图85-7所示。

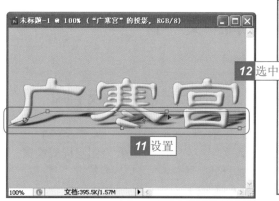

图85-6 变换投影　　　　　　　　　　　　　图85-7 设置斜面和浮雕

步骤11 选择画笔工具 ，在属性栏中将画笔样式设置为"尖角9像素" ，然后在图像窗口中拖动鼠标绘制积雪，如图85-8所示。

步骤12 继续在图像窗口中完成积雪的绘制，最终效果如图85-9所示。

图85-8 开始绘制积雪

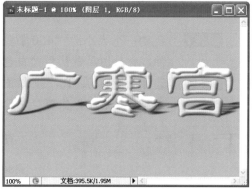

图85-9 最终效果

魔法师，为什么我画的积雪看起来不怎么像呢？

你在画的时候要想一想冬天积雪的场景，对积雪较厚的地方可以反复拖动鼠标，才能做出逼真的效果。

第86例 砖雕文字

素 材：无
源文件：\源文件\第4章\砖雕文字.psd

知识要点
★ 输入文字
★ 添加样式
★ 添加图层样式

制作要领
★ 为图层样式设置
参数

步骤讲解

步骤1 新建一个大小为"450像素×300像素"，分辨率为"100像素/英寸"的文件，背景图层默认为"白色"。

步骤2 选择文字工具 **T**，按如图86-1所示设置属性栏，其中字体大小为"150点"，然后在图像窗口中输入文字"天净沙"。

| T ▾ | ⏮ | 隶书 | ⌄ | - | ⌄ | ⏮ 150点 | ⌄ | aa | 浑厚 | ⌄ | ▤ ▥ ▦ | ■ | 𝟙 | ▤ |

图86-1 设置属性栏

步骤3 单击"图层"控制面板中的"添加图层样式"按钮 **fx**，然后在弹出的下拉菜单中选择"混合选项"命令，接着在弹出的对话框中单击 样式 按钮，在对话框中显示出"样式"栏。

步骤4 单击 ▶ 按钮，在弹出的菜单中选择"纹理"命令，然后在弹出的提示框中单击 确定 按钮。

步骤5 在"样式"栏中选择"砖墙"选项 ▣，将该样式应用到文字图层中，然后单击 确定 按钮，如图86-2所示。

魔力测试
在步骤5中，在"样式"栏中选择不同的选项，查看其最终效果有何不同。

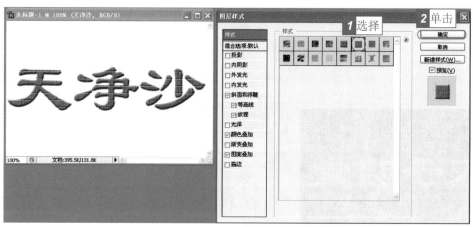

图86-2 设置"图层样式"对话框

步骤6 双击文字图层,在弹出的"图层样式"对话框中选中 ■投影 复选框,按如图86-3所示设置参数。

步骤7 单击 确定 按钮,为文本图层添加"投影"图层样式,最终效果如图86-4所示。

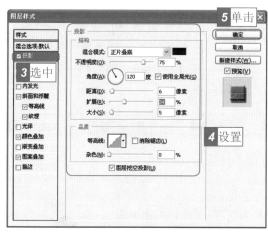

图86-3 设置投影样式

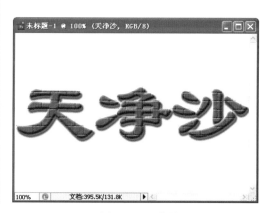

图86-4 最终效果

为什么我做出来的投影和您做的有点不一样呢?

我在制作阴影时,在"等高线"下拉列表框中选择了"圆形台阶"选项 ,使投影看起来凹凸不平,更加符合砖雕效果。

第87例 黄铜文字

天子明堂

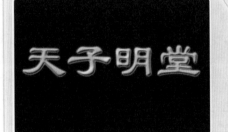

素 材：无
源文件：\源文件\第4章\黄铜文字.psd

知识要点
- ★输入文字
- ★添加图层样式

制作要领
- ★为图层样式设置参数

步骤讲解

步骤1 新建一个大小为“450像素×300像素”，分辨率为“72像素/英寸”的文件，将前景色设置为“黑色”，然后使用油漆桶工具填充背景图层。

步骤2 将前景色设置为“白色”，选择文字工具T，按如图87-1所示设置属性栏，然后在图像窗口中输入文字“天子明堂”。

隶书
100 点
浑厚

图87-1 设置属性栏

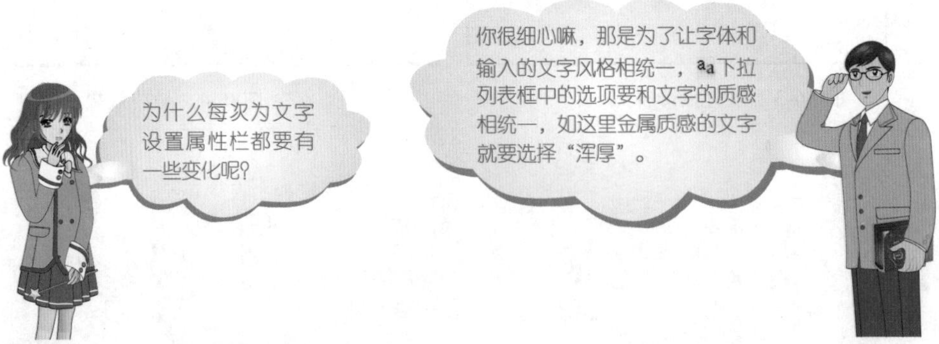
为什么每次为文字设置属性栏都要有一些变化呢?
你很细心嘛，那是为了让字体和输入的文字风格相统一，aa下拉列表框中的选项要和文字的质感相统一，如这里金属质感的文字就要选择“浑厚”。

步骤3 在“图层”控制面板中双击文字图层，弹出“图层样式”对话框。

步骤4 选中☑斜面和浮雕复选框，在对话框中设置参数如图87-2所示。

步骤5 选中☑渐变叠加复选框，然后在“渐变”下拉列表框中选择“金属”中的

"黄铜色"选项 ，其他参数设置如图87-3所示。

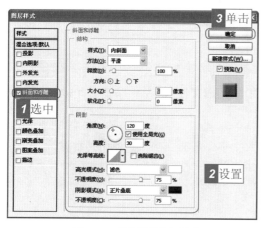

图87-2 设置斜面和浮雕

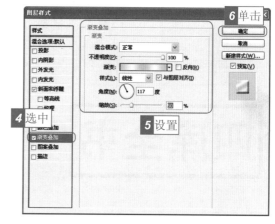

图87-3 设置渐变叠加

步骤6 选中 ☑外发光 复选框，设置参数如图87-4所示。

步骤7 单击 确定 按钮，为文本图层添加"外发光"图层样式，最终效果如图87-5所示。

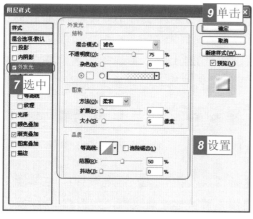

图87-4 设置外发光

图87-5 最终效果

这个例子中3种图层样式分别起到什么作用呢？

"斜面和浮雕"用于让图像具有立体感，"渐变叠加"和"外发光"用于让图像具有黄铜的质感。

第88例 印章文字

素　材：无
源文件：\源文件\第4章\印章文字.psd

知识要点
★ 输入文字
★ 创建边框
★ 添加滤镜效果

制作要领
★ 使用扩散滤镜

步骤讲解

步骤1　新建一个大小为"450像素×300像素"，分辨率为"100像素/英寸"的文件，背景内容默认为黑色。

步骤2　将前景色设置为"红褐色（R164，G21，B21）"，再选择文字工具 T，按如图88-1所示设置属性栏，然后在图像窗口中输入"四库全书"。

图88-1　设置属性栏

步骤3　单击"图层"控制面板中的"创建新图层"按钮 新建图层1，在工具箱中选择矩形选框工具，在文字周围拖动鼠标绘制边框，如图88-2所示。

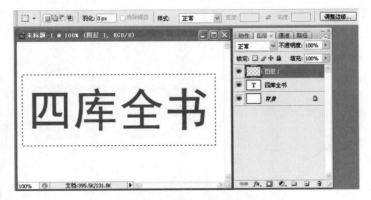

图88-2　创建矩形边框

步骤4　选择【编辑】/【描边】命令，在弹出的"描边"对话框中将宽度设置为8px，其余选项设置如图88-3所示，然后单击 确定 按钮。

步骤5　按【Ctrl+D】键取消选区，在"图层"面板中右击文字图层，然后在弹出的快捷菜单中选择"栅格化文字"命令，此时图层名称自动变为"四库全书"。

步骤6　选择图层1，然后按【Ctrl+E】键向下合并图层，如图88-4所示。

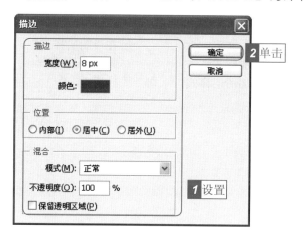

图88-3　设置外发光

图88-4　合并图层

步骤7　选择【滤镜】/【风格化】/【扩散】命令，在"扩散"对话框中选中 变亮优先(L) 单选按钮，如图88-5所示。

步骤8　单击 确定 按钮关闭对话框，最终效果如图88-6所示。

图88-5　设置扩散

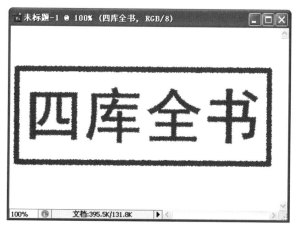

图88-6　最终效果

第89例 石刻文字

素 材：无
源文件：\源文件\第4章\石刻文字.psd

知识要点	制作要领
★ 输入文字	★ 在"图层样式"
★ 添加样式	对话框中选择
★ 添加图层样式	样式

步骤1 新建一个大小为"450像素×300像素"，分辨率为"100像素/英寸"的文件，背景内容默认为白色。

步骤2 选择文字工具 **T**，按如图89-1所示设置属性栏，其中字体大小为"150点"，然后在图像窗口中输入文字"石头记"。

| T ▾ | ⬆T | 楷体_GB2312 ▾ | - ▾ | T 150点 ▾ | aa 犀利 ▾ | 列 | ■ | ⬛ | ⬛ |

图89-1 设置属性栏

步骤3 单击"图层"控制面板中的"添加图层样式"按钮 **fx.**，在弹出的下拉菜单中选择"混合选项"命令，接着在弹出的对话框中单击 样式 按钮，在对话框中显示出"样式"栏。

步骤4 单击 ▶ 按钮，在弹出的菜单中选择"纹理"命令，然后在弹出的提示对话框中单击 确定 按钮。

步骤5 在"样式"栏中选择"斜边 鼠标指向"选项 ⬛，将该样式应用到文字图层中，如图89-2所示。

魔力测试

在对话框中单击 ▶ 按钮，接着在弹出的菜单中选择"大缩略图"命令，这样在"样式"栏中的样式选项将由默认的小缩略图变为大缩略图，查看起来更加方便。

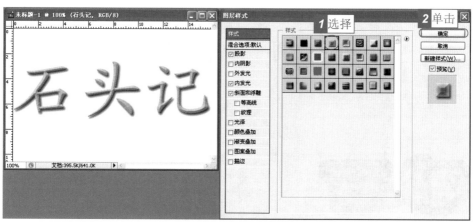

图89-2　设置"图层样式"对话框

步骤6　在"图层样式"对话框中选中☑纹理复选框，接着在"图案"下拉列表框中选择"云彩"选项，其余参数按如图89-3所示进行设置。

步骤7　单击 确定 按钮，为文本图层添加"纹理"图层样式，最终效果如图89-4所示。

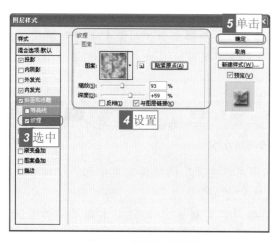

图89-3　设置投影样式

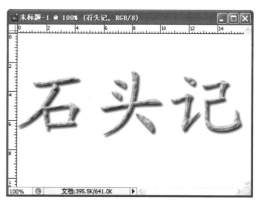

图89-4　最终效果

为什么要在步骤6中为文字添加"云彩"纹理呢？

这是为了在文字中模仿出石头表面的粗糙效果，使其更加真实。

第90例 砂石文字

素　材：无
源文件：\源文件\第4章\砂石文字.psd

知 识 要 点
★ 输入文字
★ 复制图层
★ 添加图层样式
★ 使用描边工具

制 作 要 领
★ 剪切选区

 步骤讲解

步骤1 新建一个大小为"450像素×300像素"，分辨率为"72像素/英寸"的文件。

步骤2 选择文字工具 **T**，按如图90-1所示设置属性栏，然后在图像窗口中输入文字"砂石"。

图90-1　设置属性栏

步骤3 在"图层"控制面板中右击文字图层，在弹出的快捷菜单中选择"栅格化文字"命令，此时图层名称自动变为"砂石"。

步骤4 按【Ctrl+J】键将"砂石"图层的内容复制生成砂石 副本图层，如图90-2所示。

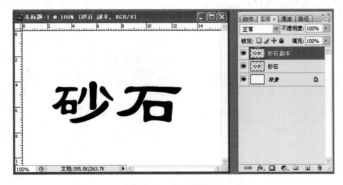

图90-2　复制图层

一学就会魔法书

步骤5 在"图层"控制面板中双击砂石 副本图层，弹出"图层样式"对话框。

步骤6 选中 ☑图案叠加 复选框，在"图案"下拉列表框中选择"岩石图案"中的
"石头"选项 █，在"缩放"数值框中输入"25"，如图90-3所示，然后单
击 **确定** 按钮。

步骤7 选择【选择】/【载入选区】命令，在弹出的"载入选区"对话框中的"通
道"下拉列表框中选择"砂石 副本透明"选项，然后单击 **确定** 按钮，
如图90-4所示。

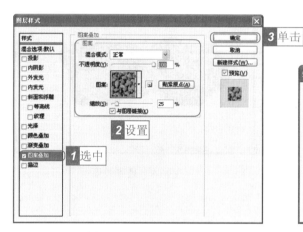

图90-3　设置图案叠加

图90-4　载入选区

步骤8 选择工具箱中的选框工具组按钮 █，然后将鼠标指针移动到图像窗口中的
砂石文字处，待其变为 █ 形状后右击。

步骤9 在弹出的快捷菜单中选择"描边"命令，在弹出的"描边"对话框中设置参
数如图90-5所示，然后单击 **确定** 按钮。

步骤10 按【Ctrl+X】键剪切选区，如图90-6所示。

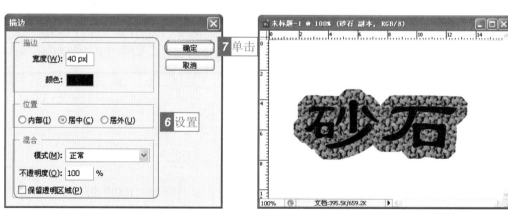

图90-5　设置描边

图90-6　剪切选区

步骤11 双击"砂石"图层，弹出"图层样式"对话框。

步骤12 选中 ☑图案叠加 复选框，在"图案"下拉列表框中选择"岩石图案"中的"花岗岩"选项 ，其余选项保持默认设置不变，如图90-7所示。

步骤13 单击 确定 按钮，为当前图层添加"图案叠加"图层样式，最终效果如图90-8所示。

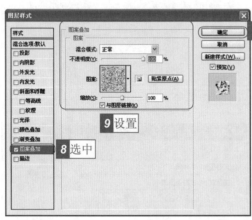

图90-7　设置图案叠加

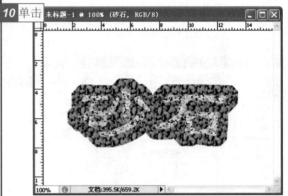

图90-8　最终效果

第91例　玉 石 文 字

　　素　材：无
　　源文件：\源文件\第4章\玉石文字.psd

知识要点	制作要领
★ 输入文字	★ 擦除图像
★ 复制图层	
★ 添加图层样式	
★ 使用橡皮擦工具	

 **步骤讲解**

步骤1 新建一个大小为"450像素×300像素"，分辨率为"100像素/英寸"的文件。

步骤2 选择文字工具 T，按如图91-1所示设置属性栏，然后在图像窗口中输入文字"玉玲珑"。

图91-1 设置属性栏

步骤3 在"图层"控制面板中右击文字图层，在弹出的快捷菜单中选择"栅格化文字"命令，此时图层名称自动变为"玉玲珑"。

步骤4 按【Ctrl+J】键将"玉玲珑"图层的内容复制到玉玲珑 副本图层，如图91-2所示。

图91-2 复制图层

步骤5 单击"图层"控制面板中的"添加图层样式"按钮 fx，然后在弹出的下拉菜单中选择"混合选项"命令，接着在弹出的对话框中单击 样式 按钮，在"图层样式"对话框中显示出"样式"栏。

步骤6 单击 ▶ 按钮，在弹出的菜单中选择"Web样式"命令，然后在弹出的提示框中单击 确定 按钮。

步骤7 在"样式"栏中选择"透明胶体"选项 ，然后单击 确定 按钮，将该样式应用到文字图层中，如图91-3所示。

步骤8 在"图层"控制面板中选择玉玲珑图层，然后单击"图层"控制面板中的"添加图层样式"按钮 fx，接着在弹出的下拉菜单中选择"混合选项"命令，最后在弹出的对话框中单击 样式 按钮，在"图层样式"对话框中显示出"样式"栏。

步骤9 在"样式"栏中选择"绿色胶体"选项 ，然后单击 确定 按钮，将该样式应用到文字图层中，如图91-4所示。

魔法档案

Photoshop中的按钮、命令和选项的名称只是用来表明其作用，并不是一成不变的，用户可以根据具体需要具体分析，如在当前实例中可以使用"白色胶体"和"绿色胶体"来制作玉石效果，而不是塑胶效果。

Photoshop CS3图像处理200例（全彩版）

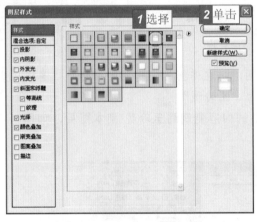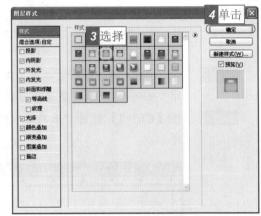

图91-3　设置玉玲珑 副本图层　　　　　　图91-4　设置玉玲珑图层

步骤10 选择橡皮擦工具 ，在属性栏中单击"画笔"下拉列表框右侧的 按钮，再在打开的"画笔预设"选取器中单击 按钮，在弹出的菜单中选择"基本画笔"命令。

步骤11 在弹出的提示框中单击 确定 按钮。

步骤12 返回到"画笔预设"选取器中，在其中选择"柔边机械16像素"选项 ，然后设置属性栏为如图91-5所示。

图91-5　设置属性栏

步骤13 在"图层"控制面板中选择玉玲珑 副本图层，然后在文字中拖动鼠标擦除图像，如图91-6所示。

步骤14 继续拖动鼠标擦除图像，完成操作后的最终效果如图91-7所示。

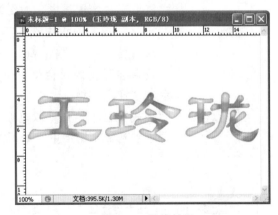

图91-6　开始擦除图像　　　　　　　　图91-7　最终效果

第92例 情人节文字

素 材：无
源文件：\源文件\第4章\情人节文字.psd

知识要点
★ 输入文字
★ 添加滤镜效果
★ 添加样式
★ 使用油漆桶工具

制作要领
★ 使用液化滤镜

 步骤讲解

步骤1 新建一个大小为"450像素×300像素"，分辨率为"72像素/英寸"的文件。

步骤2 选择文字工具 T，按如图92-1所示设置属性栏，然后在图像窗口中输入文字"我爱你"。

图92-1 设置属性栏

步骤3 在"图层"面板中右击文字图层，在弹出的快捷菜单中选择"栅格化文字"命令，此时图层名称自动变为"我爱你"。

步骤4 选择【滤镜】/【液化】命令，单击"膨胀工具"按钮，将鼠标指针移至文字中合适的位置，然后按住鼠标左键不放使其膨胀，最后单击 确定 按钮，如图92-2所示。

什么是"文字中合适的位置"？

其实并没有特定的要求，无须和书中的介绍强求一致，只要变形后的文字看起来有趣就可以了。

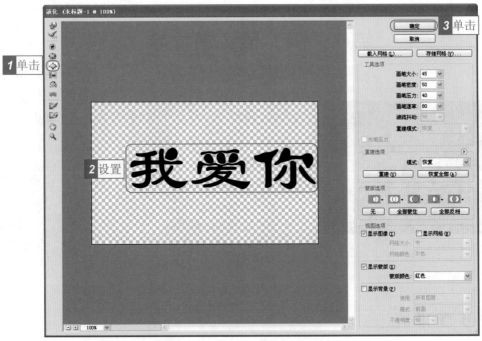

图92-2　膨胀变形

步骤5 单击"图层"控制面板中的"添加图层样式"按钮 *fx.*，在弹出的下拉菜单中选择"混合选项"命令，接着在弹出的对话框中单击 样式 按钮。

步骤6 单击 ▶ 按钮，在弹出的菜单中选择"Web样式"命令，然后在弹出的提示框中单击 确定 按钮。

步骤7 在"样式"栏中选择"红色回环"选项 □，将该样式应用到文字图层中，如图92-3所示。

图92-3　设置样式

一学就会魔法书

步骤8 选中 ☑描边 复选框，单击"渐变"下拉列表框右侧的 ▾ 按钮，然后在弹出的"渐变"拾色器中单击 ▶ 按钮，接着在弹出的菜单中选择"杂色样本"命令。

步骤9 在弹出的提示框中单击 确定 按钮，显示"杂色样本"选项，然后在其中选择"彩色蜡笔"选项 ■。

步骤10 将"大小"设置为"38像素"，然后单击 确定 按钮，如图92-4所示。

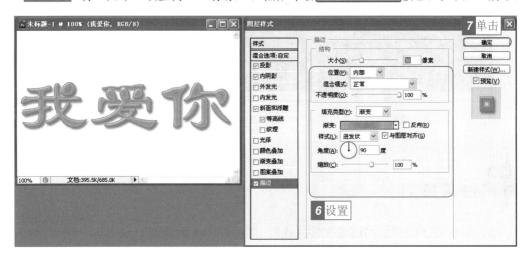

图92-4 设置描边

步骤11 选择背景图层，然后单击"图层"控制面板中的"创建新图层"按钮 ▯，在背景图层和"我爱你"图层之间创建图层1。

步骤12 在工具箱中选择油漆桶工具 ◇，然后在属性栏中的"设置填充区域的源"下拉列表框中选择"图案"选项，接着单击 ▾ 按钮弹出"图案"拾色器，单击 ▶ 按钮，然后在弹出的菜单中选择"自然图案"命令，在弹出的提示框中单击 确定 按钮，将"自然图案"选项显示在"图案"拾色器中。

步骤13 在"图案"拾色器中选择"紫色雏菊"选项 ■，其余选项按如图92-5所示进行设置。

图92-5 设置属性栏

步骤14 在图像窗口中单击进行填充，图像的最终效果如图92-6所示。

图92-6 最终效果

 过关练习

（1）制作如下图所示的图像文件（光盘:\源文件\第4章\练习1.psd）。

提示：

❖ 新建文件，然后输入黑体文字"纸飞机"。

❖ 为文字图层添加"效果"样式中的"古玉" ，然后为其添加"投影"，"等高线"为"锯齿1" 。

练习1

（2）制作如下图所示的图像文件（光盘:\源文件\第4章\练习2.psd）。

提示：

❖ 新建一个文件，然后输入隶书文字"夜未央"。

❖ 为文字图层添加"Web样式"样式中的"黄色回环"样式 ，然后为其添加"颜色叠加"样式。

练习2

 一学就会魔法书

第5章

制作纹理特效

 多媒体教学演示：25分钟

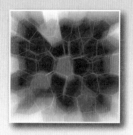

用Photoshop制作的这些图片可真漂亮啊！

魔法师：除了前面章节所讲到的基础应用和颜色调整，我们还可以利用Photoshop CS3制作出各种逼真的纹理特效，如水花、玻璃晶格和岩石等纹理。

小魔女：是吗？Photoshop还有这些功能啊！

魔法师：是的，在制作这些纹理特效时，会应用到多种滤镜命令。小魔女，你可要认真地学习哟！

小魔女：嗯，我一定要好好掌握这些纹理特效的制作方法，做出更多漂亮的效果。

第93例　玻璃晶格纹理

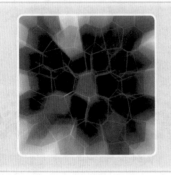

素　材：无
源文件：\源文件\第5章\玻璃晶格.psd

知识要点	制作要领
★ "染色玻璃"滤镜 ★ 重复应用滤镜 ★ "径向模糊"滤镜 ★ "黑白"命令	★ 设置"染色玻璃" 　滤镜的参数

 步骤讲解

步骤1 新建一个大小为"10厘米×10厘米"，分辨率为"96像素/英寸"的文件，并命名为"玻璃晶格"，并填充页面背景色为浅紫色（ffb4ff），如图93-1所示。

步骤2 新建图层1，按【Ctrl+Delete】键将其填充为白色。

步骤3 选择【滤镜】/【纹理】/【染色玻璃】命令，弹出滤镜库中的"染色玻璃"对话框，设置单元格大小为30，边框粗细为3，光照强度为"0"，单击 ▭确定 按钮，如图93-2所示。

步骤4 连续按两次【Ctrl+F】键重复应用"染色玻璃"滤镜，直至窗口中出现若干随机的暗色晶格。最后设置图层1的不透明度为40%，效果如图93-3所示。

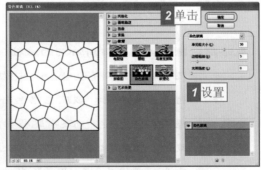

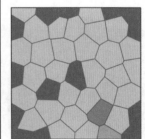

图93-1　新建图像文件　　　　图93-2　"染色玻璃"对话框　　　　图93-3　设置图层1

步骤5 新建图层2，按【Ctrl+Delete】键将其填充为白色。再连续按3次【Ctrl+F】键重复应用"染色玻璃"滤镜，直至窗口中出现若干随机的暗色晶格。设置

图层2的不透明度为45%，效果如图93-4所示。

步骤6 按【Ctrl+E】键合并图层1和图层2为图层1，按【Ctrl+J】键复制生成图层1副本。

步骤7 选择【滤镜】/【模糊】/【径向模糊】命令，弹出"径向模糊"对话框，设置数量为90，选中 ⊙**缩放(Z)** 单选按钮，单击 确定 按钮，如图93-5所示。

步骤8 返回图像文件窗口，应用"径向模糊"滤镜的效果如图93-6所示。

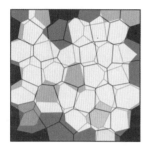
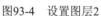

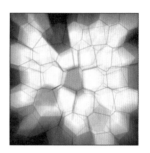

图93-4　设置图层2　　　图93-5　"径向模糊"对话框　　　图93-6　径向模糊

步骤9 按【Ctrl+E】键合并图层1和图层1副本为图层1，按【Ctrl+I】键将图层1的图像反相，如图93-7所示。

步骤10 选择【图像】/【调整】/【黑白】命令，弹出"黑白"对话框，选中 ☑**色调(T)** 复选框，设置色相为300°，饱和度为70%，单击 确定 按钮，如图93-8所示。

步骤11 返回图像文件窗口，最终玻璃晶格纹理效果如图93-9所示。

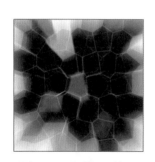
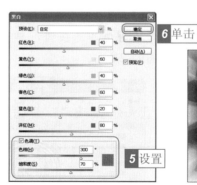
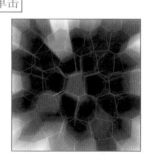

图93-7　"反相"效果　　　图93-8　"黑白"对话框　　　图93-9　玻璃晶格纹理效果

魔法档案

选择图层后，按【Ctrl+F】键，将重复应用最后一次执行的滤镜命令，且默认应用已设置后的参数，从而节省操作时间。

第94例 水波纹理

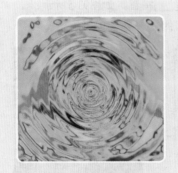

素　材：无
源文件：\源文件\第5章\水波纹理.psd

知 识 要 点	制 作 要 领
★ "云彩"滤镜	★ 各种滤镜的使用
★ "径向模糊"滤镜	★ 调整色相/饱和度
★ "基底凸现"滤镜	
★ "铬黄"滤镜	
★ "水波"滤镜	
★ 色相/饱和度	

 步骤讲解

步骤1 新建一个大小为"10厘米×10厘米"，分辨率为"96像素/英寸"的文件，并命名为"水波纹理"。新建图层1，选择【滤镜】/【渲染】/【云彩】命令，应用"云彩"滤镜，如图94-1所示。

步骤2 选择【滤镜】/【模糊】/【径向模糊】命令，弹出"径向模糊"对话框，设置数量为60，选中 ◉ **最好** (B)单选按钮，单击 **确定** 按钮，应用"径向模糊"滤镜的效果如图94-2所示。

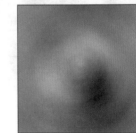

图94-1　应用"云彩"滤镜　　　　　　　　　图94-2　应用"径向模糊"滤镜

步骤3 选择【滤镜】/【素描】/【基底凸现】命令，弹出滤镜库中的"基底凸现"对话框，设置细节和平滑度分别为"15、8"，光照为"上"，单击 **确定** 按钮，如图94-3所示。

步骤4 选择【滤镜】/【素描】/【铬黄】命令，弹出滤镜库中的"铬黄渐变"对话框，设置细节和平滑度分别为"10、5"，单击 **确定** 按钮，如图94-4所示。

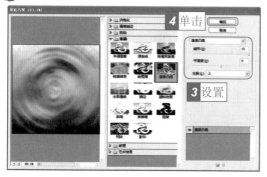

图94-3　"基底凸现"对话框　　　　　　图94-4　"铬黄渐变"对话框

步骤5　选择【滤镜】/【扭曲】/【水波】命令，弹出"水波"对话框，设置数量和
　　　　　起伏分别为"30、8"，样式为"水池波纹"，单击 确定 按钮，应用
　　　　　"水波"滤镜的效果，如图94-5所示。

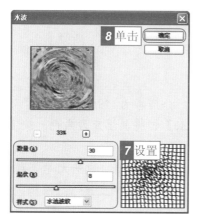

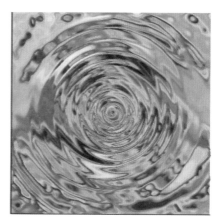

图94-5　应用"水波"滤镜

步骤6　选择【图像】/【调整】/【色相/饱和度】命令，弹出"色相/饱和度"对
　　　　　话框，选中☑着色(O)复选框，设置色相、饱和度和明度分别为"155、
　　　　　60、-10"，单击 确定 按钮，如图94-6所示。

步骤7　返回图像文件窗口，最终"水波纹理"效果如图94-7所示。

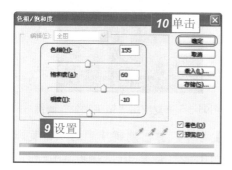

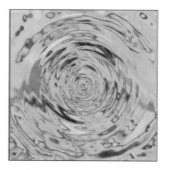

图94-6　"色相/饱和度"对话框　　　　图94-7　水波纹理效果

第95例 水花纹理

素材：无
源文件：\源文件\第5章\水花纹理.psd

知识要点	制作要领
★ "镜头光晕"滤镜	★ 设置镜头光晕位置
★ "铬黄"滤镜	★ 设置图层混合模式
★ 色相/饱和度	
★ 图层混合模式	

步骤讲解

步骤1 新建一个大小为"10厘米×10厘米"，分辨率为"96像素/英寸"的文件，并命名为"水花纹理"，按【Alt+Delete】键将其填充为黑色。按【Ctrl+J】键复制生成图层1。

步骤2 选择【滤镜】/【渲染】/【镜头光晕】命令，弹出"镜头光晕"对话框，设置亮度为110%，在预览框中定位光晕位置，单击 确定 按钮，如图95-1所示。

步骤3 按步骤2的方法，重复应用两次"镜头光晕"滤镜，并调整其光晕位置，如图95-2所示。

图95-1 "镜头光晕"对话框　　图95-2 重复应用"镜头光晕"滤镜

步骤4 选择【滤镜】/【素描】/【铬黄】命令，弹出滤镜库中的"铬黄渐变"对话框，设置细节和平滑度分别为"10、2"，单击 确定 按钮，如图95-3所示。

步骤5 选择【图像】/【调整】/【色相/饱和度】命令，弹出"色相/饱和度"对话框，选中☑**着色(O)**复选框，设置色相、饱和度和明度分别为"180、50、0"，单击 **确定** 按钮，如图95-4所示。

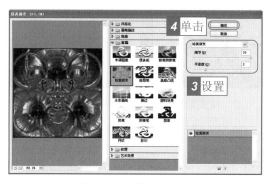

图95-3 "铬黄"对话框

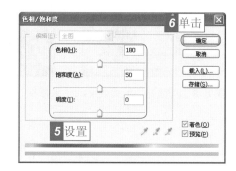

图95-4 "色相/饱和度"对话框

步骤6 返回图像文件窗口，调整色相/饱和度后的效果如图95-5所示。

步骤7 按两次【Ctrl+J】键，复制生成图层1副本和图层1副本2。

步骤8 选择图层1副本，选择【滤镜】/【扭曲】/【波浪】命令，弹出"波浪"对话框，设置生成器数为5，波长为10、120，波幅为"5、35"，单击 **确定** 按钮，如图95-6所示。

步骤9 设置图层1副本和图层1副本2的图层混合模式分别为"滤色"和"叠加"，如图95-7所示。

图95-5 调整色相/饱和度后的效果

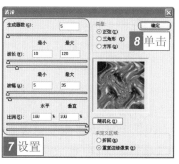

图95-6 "波浪"对话框

图95-7 设置图层混合模式

步骤10 按两次【Ctrl+E】键向下合并图层，生成新的图层1。按【Ctrl+J】键生成图层1副本，设置其图层混合模式为"强光"，如图95-8所示。

步骤11 按【Ctrl+E】键向下合并图层，生成新的图层1。按【Ctrl+J】键生成图层1副本，设置其图层混合模式为"颜色加深"，如图95-9所示。

步骤12 选择【编辑】/【变换】/【垂直翻转】命令，垂直翻转图层1副本，最终效果如图95-10所示。

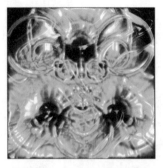
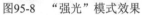

图95-8　"强光"模式效果

图95-9　"颜色加深"模式效果

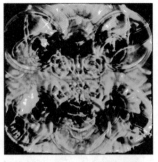

图95-10　水花纹理效果

第96例　彩块纹理

素　材：无
源文件：\源文件\第5章\彩块纹理.psd

> ### 知识要点
> ★添加杂色
> ★染色玻璃
> ★凸出
> ★USM锐化

> ### 制作要领
> ★各种滤镜的使用

 步骤讲解

步骤1　新建一个大小为"10厘米×10厘米"，分辨率为"96像素/英寸"的文件，
并命名为"彩块纹理"。选择渐变工具，在属性栏中设置渐变类型为
"色谱"，对图像文件进行由左上至右下的渐变填充，如图96-1所示。

步骤2　选择【滤镜】/【杂色】/【添加杂色】命令，弹出"添加杂色"对话框，
设置数量为50%，选中⦿**高斯分布(G)**单选按钮和☑**单色(M)**复选框，单击
◻**确定**按钮，如图96-2所示。

魔法档案

在"添加杂色"对话框中选中⦿**平均分布(U)**单选按钮，颜色杂点统一平均分布；选中
⦿**高斯分布(G)**单选按钮，则颜色杂点按高斯曲线分布。

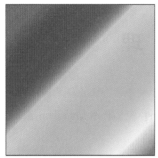

图96-1　渐变填充

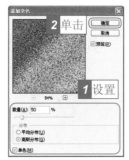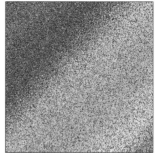

图96-2　添加杂色

步骤3 选择【滤镜】/【纹理】/【染色玻璃】命令，弹出"染色玻璃"对话框，设置单元格大小、边框粗细和光照强度分别为"10、6、0"，单击 确定 按钮，如图96-3所示。

步骤4 选择【滤镜】/【风格化】/【凸出】命令，弹出"凸出"对话框，设置大小和深度分别为"30像素"和40，选中☑ 立方体正面(F)复选框，单击 确定 按钮，如图96-4所示。

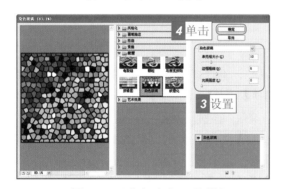

图96-3　"染色玻璃"对话框

图96-4　"凸出"对话框

步骤5 选择【滤镜】/【锐化】/【USM锐化】命令，弹出"USM锐化"对话框，设置数量为200%，半径为"100像素"，单击 确定 按钮，如图96-5所示。

步骤6 返回图像文件窗口，彩块纹理的最终效果如图96-6所示。

图96-5　"USM锐化"对话框

图96-6　彩块纹理效果

第97例 木质纹理

素 材：无
源文件：\源文件\第5章\木质纹理.psd

知 识 要 点
★ 纤维
★ 动感模糊
★ 色相/饱和度
★ 旋转扭曲
★ 色阶

制 作 要 领
★ 应用"纤维"滤镜
★ 应用"旋转扭曲"
滤镜

 步骤讲解

步骤1 新建一个大小为"10厘米×15厘米"，分辨率为"96像素/英寸"的文件，并命名为"木质纹理"。选择【滤镜】/【渲染】/【纤维】命令，弹出"纤维"对话框，设置差异和强度分别为"16、4"，单击 确定 按钮，如图97-1所示。

步骤2 选择【滤镜】/【模糊】/【动感模糊】命令，弹出"动感模糊"对话框，设置角度为"90度"，距离为"150像素"，单击 确定 按钮，如图97-2所示。

步骤3 选择【图像】/【调整】/【色相/饱和度】命令，弹出"色相/饱和度"对话框，选中☑著色(O)复选框，设置色相、饱和度和明度分别为"30、30、0"，单击 确定 按钮，如图97-3所示。

 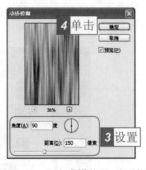 

图97-1 "纤维"对话框　　图97-2 "动感模糊"对话框　　图97-3 "色相/饱和度"对话框

步骤4 使用椭圆选框工具⬭创建如图97-4所示的椭圆选区，选择【滤镜】/【扭曲】/【旋转扭曲】命令，弹出"旋转扭曲"对话框，设置角度为"360

一学就会魔法书

度"，单击 确定 按钮，如图97-5所示。

步骤5 按【Ctrl+D】键取消选区。按步骤4的方法，创建其余椭圆选区并应用"旋转扭曲"滤镜，如图97-6所示。

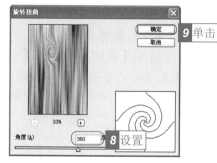

图97-4 创建选区　　　　图97-5 "旋转扭曲"对话框　　　　图97-6 应用"旋转扭曲"滤镜

步骤6 按【Ctrl+L】键，弹出"色阶"对话框，设置输出色阶为"50、0.8、240"，单击 确定 按钮，如图97-7所示。

步骤7 返回图像文件窗口，木质纹理的最终效果如图97-8所示。

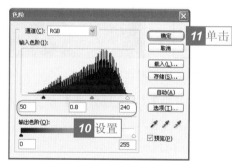

图97-7 "色阶"对话框　　　　　　　图97-8 木质纹理效果

第98例 岩石纹理

素　材：无
源文件：\源文件\第5章\岩石纹理.psd

知 识 要 点
★ 新建图层和通道
★ 分层云彩
★ 光照效果
★ 填充图层

制 作 要 领
★ 设置光照效果
★ 载入新的图案

 步骤讲解

步骤1 新建一个大小为"10厘米×10厘米"，分辨率为"96像素/英寸"的文件，并命名为"岩石纹理"，复制生成图层1，并新建通道Alpha 1。

步骤2 选择通道Alpha 1，选择【滤镜】/【渲染】/【分层云彩】命令，然后再连续按【Ctrl+F】键重复应用"分层云彩"滤镜。

步骤3 选择【图像】/【调整】/【亮度/对比度】命令，弹出"亮度/对比度"对话框，设置亮度和对比度分别为"80、-20"，单击 确定 按钮，调整的亮度和对比度效果如图98-1所示。

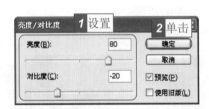
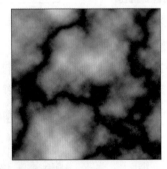

图98-1 调整亮度/对比度

步骤4 选择图层1，选择【滤镜】/【渲染】/【光照效果】命令，弹出"光照效果"对话框，设置强度和聚焦分别为"15、70"，光泽、材料、曝光度和环境分别为"25、100、0、0"。

步骤5 设置纹理通道为"Alpha 1"，高度为"100"，在预览框中调整光照范围，单击 确定 按钮，应用"光照效果"滤镜，如图98-2所示。

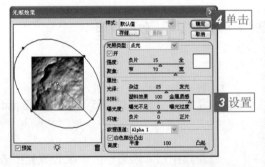

图98-2 应用"光照效果"滤镜

步骤6 新建图层2，选择【编辑】/【填充】命令，弹出"填充"对话框，设置使用的填充内容为"图案"，单击"自定图案"按钮，在弹出的列表框中单击 ▶ 按钮，在弹出的菜单中选择"岩石图案"命令，如图98-3所示。

图98-3 选择"岩石图案"命令

步骤7 在弹出的提示框中单击 追加(A) 按钮，载入相应图案，如图98-4所示。在"图案"列表框中选择"红岩"选项，单击 确定 按钮，如图98-5所示。

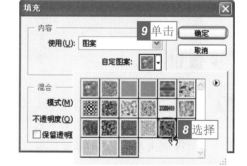

图98-4 提示对话框

图98-5 选择图案

步骤8 设置图层2的图层混合模式为"正片叠底"，不透明度为60%。

步骤9 选择【图像】/【调整】/【色阶】命令，弹出"色阶"对话框，设置输出色阶为"20、1、200"，单击 确定 按钮，如图98-6所示。

步骤10 返回图像文件窗口，岩石纹理的最终效果如图98-7所示。

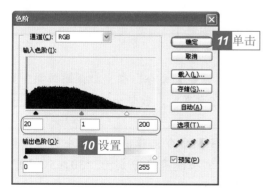

图98-6 "色阶"对话框

图98-7 岩石纹理效果

第99例 残壁纹理

素　材：\素材\第5章\砖墙.jpg
源文件：\源文件\第5章\残壁纹理.psd

知 识 要 点	制 作 要 领
★ 填充图层	★ 以图案填充图层
★ 浮雕效果	★ 擦除图像
★ 龟裂缝	
★ 擦除图像	

 步骤讲解

步骤1 打开"砖墙.jpg"图像文件，新建图层1。选择【编辑】/【填充】命令，弹出"填充"对话框，设置填充内容为"自定图案"，在"图案"列表框中选择"浅色大理石"选项 ，单击 确定 按钮，填充效果如图99-1所示。

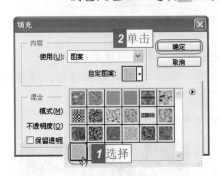

图99-1　填充图层1

步骤2 选择【滤镜】/【风格化】/【浮雕效果】命令，弹出"浮雕效果"对话框，设置角度为"135度"，高度为"5像素"，数量为150%，单击 确定 按钮，如图99-2所示。

步骤3 选择【滤镜】/【纹理】/【龟裂缝】命令，弹出滤镜库中的"龟裂缝"对话框，设置裂缝间距、裂缝深度和裂缝亮度分别为"30、5、10"，单击 确定 按钮，如图99-3所示。

图99-2 应用"浮雕效果"滤镜

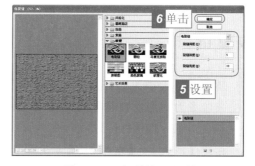

图99-3 "龟裂缝"对话框

步骤4 选择橡皮擦工具，在属性栏中设置画笔类型为"柔角100像素"，不透明度和流量分别为50%、30%，在图层1中进行擦除，如图99-4所示。

步骤5 按【Ctrl+J】键复制生成图层1副本，设置其图层混合模式为"叠加"，残壁纹理的最终效果如图99-5所示。

图99-4 擦除图像

图99-5 残壁纹理效果

第100例 胶状纹理

🧪 素　材：无
源文件：\源文件\第5章\胶状纹理.psd

知 识 要 点
★ 云彩和分层云彩
★ 滤镜库中的滤镜
★ 波浪
★ 色相/饱和度

制 作 要 领
★ 综合应用多种滤镜

 步骤讲解

步骤1 新建一个大小为"15厘米×10厘米"，分辨率为"96像素/英寸"的文件，并命名为"胶状纹理"。选择【滤镜】/【渲染】/【云彩】命令，应用"云彩"滤镜，如图100-1所示。

步骤2 选择【滤镜】/【渲染】/【分层云彩】命令，应用"分层云彩"滤镜。然后按两次【Ctrl+F】键，重复应用"分层云彩"滤镜，如图100-2所示。

图100-1　应用"云彩"滤镜 　　　　　图100-2　应用"分层云彩"滤镜

步骤3 选择【滤镜】/【画笔描边】/【强化的边缘】命令，弹出滤镜库中的"强化的边缘"对话框，设置边缘宽度、边缘亮度和平滑度分别为"3、40、5"，单击 **确定** 按钮，如图100-3所示。

步骤4 选择【滤镜】/【艺术效果】/【塑料包装】命令，弹出滤镜库中的"塑料包装"对话框，设置高光强度、细节和平滑度分别为"15、10、5"，单击 **确定** 按钮，如图100-4所示。

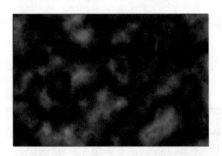

图100-3　"强化的边缘"对话框 　　　　图100-4　"塑料包装"对话框

步骤5 选择【滤镜】/【素描】/【水彩画纸】命令，弹出滤镜库中的"水彩画纸"对话框，设置纤维长度、亮度和对比度分别为"15、75、75"，单击 **确定** 按钮，如图100-5所示。

步骤6 选择【滤镜】/【扭曲】/【极坐标】命令，弹出"极坐标"对话框，选中 ⊙极坐标到平面坐标(P) 单选按钮，单击 **确定** 按钮，如图100-6所示。

一学就会魔法书

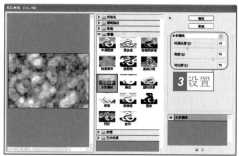

图100-5　"水彩画纸"对话框

图100-6　"极坐标"对话框

步骤7　选择【滤镜】/【扭曲】/【波浪】命令，弹出"波浪"对话框，设置生成器数为500，波长为"200、500"，波幅为"1、1"，单击 确定 按钮，如图100-7所示。

步骤8　选择【滤镜】/【扭曲】/【扩散亮光】命令，弹出滤镜库中的"扩散亮光"对话框，设置粒度、发光量和清除数量分别为"0、10、20"，单击 确定 按钮，如图100-8所示。

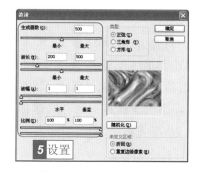

图100-7　"波浪"对话框

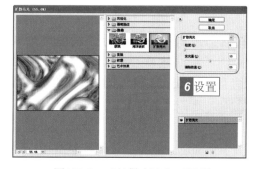

图100-8　"扩散亮光"对话框

步骤9　选择【图像】/【调整】/【色相/饱和度】命令，弹出"色相/饱和度"对话框，选中☑着色(O)复选框，设置色相、饱和度和明度分别为"280、40、0"，单击 确定 按钮，如图100-9所示。

步骤10　按【Ctrl+J】键复制生成图层1，设置其图层混合模式为"柔光"，胶状纹理的最终效果如图100-10所示。

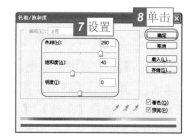

图100-9　"色相/饱和度"对话框

图100-10　胶状纹理效果

第101例　牛仔布纹理

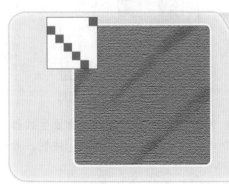

素　材：\素材\第5章\斜纹.jpg
源文件：\源文件\第5章\牛仔布纹理.psd

知识要点	制作要领
★ 填充图层 ★ 纹理化 ★ 定义图案 ★ 涂抹加深	★ 将图像自定义为 所需图案

 步 骤 讲 解

步骤1　新建一个大小为"10厘米×10厘米"，分辨率为"96像素/英寸"的文件，并命名为"牛仔布纹理"。新建图层1，设置前景色为"深蓝色（505ab4）"，按【Alt+Delete】键填充图层1，如图101-1所示。

步骤2　选择【滤镜】/【纹理】/【纹理化】命令，弹出滤镜库中的"纹理化"对话框，设置纹理为"画布"，缩放为150%，凸现为8，光照为"上"，然后单击 确定 按钮，如图101-2所示。

图101-1　填充图层

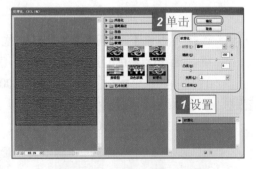

图101-2　"纹理化"对话框

步骤3　打开"斜纹.jpg"图像文件，选择【编辑】/【定义图案】命令，弹出"图案名称"对话框，输入文本"斜纹"，单击 确定 按钮，如图101-3所示。

步骤4　选择"牛仔布纹理"图像文件窗口，新建图层2，选择【编辑】/【填充】命令，弹出"填充"对话框，设置填充内容为"图案"，在"自定图案"列表框中选择步骤3中定义的图案"斜纹" ，单击 确定 按钮，如图101-4所示。

一学就会魔法书

图101-3　"图案名称"对话框

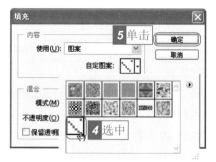

图101-4　"填充"对话框

步骤5 设置图层2的图层混合模式为"柔光"，不透明度为80%，如图101-5所示。

步骤6 按【Shift+Ctrl+Alt+E】键盖印可见图层，生成图层3。选择加深工具，在属性栏中设置画笔类型为"柔角45像素"，范围为"高光"，曝光度为30%，在图层3中进行涂抹，牛仔布纹理的最终效果如图101-6所示。

图101-5　设置图层混合模式和不透明度

图101-6　牛仔布纹理效果

 过关练习

（1）制作如下图所示的砖墙纹理（光盘:\源文件\第5章\砖墙纹理.psd）。

提示：

❖ 新建图像文件后，应用多次"分层云
彩"滤镜。

❖ 应用"纹理化"滤镜，设置纹理为
"砖形"。

❖ 调整色相/饱和度。

练习1

（2）制作如下图所示的布料纹理（光盘:\源文件\第5章\布料纹理.psd）。

提示：

❖ 应用"纤维"滤镜。

❖ 新建图层，并以"编织"图案■进行
填充。

❖ 调整图层混合模式，合并图层。

❖ 复制图层并进行旋转，调整图层混合
模式。

❖ 调整亮度/对比度。

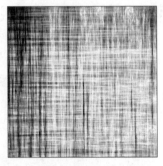

练习2

第6章

制作图像处理特效

📹 多媒体教学演示：40分钟

Photoshop制作的特效
真是变幻莫测啊，这
个软件比我的魔法还
要神奇呀。

小魔女： 魔法师，前两章都是在讲图像各种纹理和材质的制
作方法，这一章还要继续讲同样的内容吗？

魔法师： 不是的，本章我们将学习如何制作、处理图像特效。

小魔女： 听不懂，到底是些什么内容啊？

魔法师： 简单说吧，就是为普通图像制作出卷页、撕纸的效
果；为照片制作出素描、油画的效果；或者为一般
的风景图像制作出下雨、下雪的效果等。

小魔女： 哦？这么有趣啊？

魔法师： 是的，还有很多特效，我会依次进行讲解。

第102例 卷页效果

素　材：\素材\第6章\番茄.psd
源文件：\源文件\第6章\番茄.psd

知 识 要 点	制 作 要 领
★创建路径	★编辑路径
★反选选区	
★填充选区	
★设置投影样式	

步骤讲解

步骤1 打开"番茄.psd"图像文件，选择图层1。

步骤2 选择矩形工具，单击属性栏中的"路径"按钮，在窗口中沿着图层1绘制矩形路径。选择直接选择工具，在矩形路径上任意处单击。选择添加锚点工具，在路径的右侧和下侧两条边上单击，添加两个新锚点，如图102-1所示。

步骤3 选择直接选择工具，将路径右下角的锚点向左上方拖移，右侧锚点向左稍稍拖动，下侧新锚点向上稍稍拖动，在窗口中创建出模拟的卷页路径。然后拖动两个新锚点的控制柄，使路径曲线部分圆滑且过渡自然，如图102-2所示。

图102-1　添加锚点

图102-2　拖动控制柄

一学就会魔法书

步骤4 按【Ctrl+Enter】键将路径转换为选区，接着选择【选择】/【反向】命令反选选区，如图102-3所示，然后按【Delete】键删除选区内的图像，再按【Ctrl+D】键取消选区。

步骤5 复制"背景"图层生成"背景 副本"图层；然后选择钢笔工具，在窗口左下角绘制路径，并将路径左下角的直线设置为曲线，如图102-4所示；最后按【Ctrl+Enter】键将路径转换为选区。

图102-3 反选选区 　　　　　　　　　　　图102-4 设置路径

步骤6 将前景色设置为"橙色（R252，G114，B2）"，背景色设置为"白色"。然后在工具箱中选择渐变工具，在属性栏的"渐变"拾色器中选择"前景到背景"选项，自右下向左上拖动鼠标为选区填充渐变色，如图102-5所示。

图102-5 填充渐变色

步骤7 按【Ctrl+J】键将选区内的图像复制生成图层2。

步骤8 在"图层"控制面板中双击图层2，弹出"图层样式"对话框。

步骤9 选中 ☑投影 复选框，按如图102-6所示设置相应参数。

步骤10 单击 确定 按钮，为图层2添加投影样式，最终效果如图102-7所示。

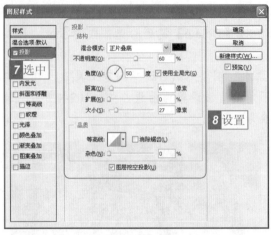

图102-6　设置投影效果

图102-7　最终效果

第103例　撕 纸 效 果

素　材：\素材\第6章\绿色.psd
源文件：\源文件\第6章\绿色.psd

知 识 要 点	制 作 要 领
★ 多边形套索工具	★ 使用多边形套
★ 创建图层	索工具创建撕
★ 设置投影样式	纸边缘

步 骤 讲 解

步骤1　打开"绿色.psd"图像文件。

步骤2　选择图层1，在工具箱中选择多边形套索工具，然后在窗口中多次单击鼠标创建出如图103-1所示的选区。

魔法档案

在使用多边形套索工具的过程中，要注意使其尽可能模拟出撕纸边缘的锯齿效果。

步骤3　按【Shift+Ctrl+J】键，根据创建的选区中的图像剪切出图层2。

步骤4 在工具箱中选择选择工具 ⊕，使用鼠标将图层2向左拖动。按【Ctrl+T】键，再拖动鼠标旋转图像，最后按【Enter】键确定变换，如图103-2所示。

图103-1 创建选区

图103-2 移动图像

步骤5 分别为图层2和图层1添加同样的投影样式，在弹出的"图层样式"对话框中设置参数，如图103-3所示。最终效果如图103-4所示。

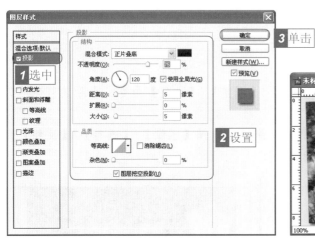

图103-3 添加投影样式

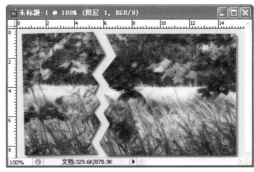

图103-4 最终效果

为什么我设置图层投影角度时，其余图层的投影角度也会发生变化呢？

那是因为你在"图层样式"对话框中选中了 ☑使用全局光(G) 复选框。

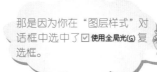

第104例 白描效果

素　材：\素材\第6章\花.psd
源文件：\源文件\第6章\花.psd

知识要点	制作要领
★ 去除颜色	★ 去除颜色
★ 新建图层	
★ 反相图像	
★ 使用"最小值"滤镜	

步骤讲解

步骤1 打开"花.psd"图像文件。

步骤2 选择图层1，然后选择【图像】/【调整】/【去色】命令，去除其颜色，如图104-1所示。

步骤3 按【Ctrl+J】键复制生成图层1 副本。选择【图像】/【调整】/【反相】命令，将其反相，如图104-2所示。

图104-1 去除颜色

图104-2 反相图像

魔法档案

用过老式胶卷照相机的用户在进行步骤3的操作时，会注意到图像反相的效果类似于照片的底片。

一学就会魔法书

步骤4　在"图层"控制面板中将图层1副本的混合模式设置为"颜色减淡"，此时即可看到图像窗口中该图层的图像自动变为白色，如图104-3所示。

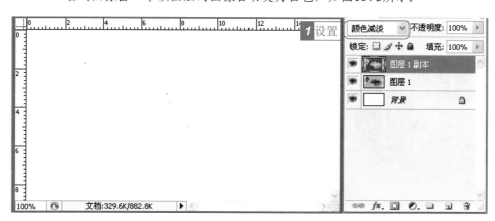

图104-3　设置图层混合模式

步骤5　选择【滤镜】/【其他】/【最小值】命令，然后在弹出的"最小值"对话框中设置半径为"1像素"，如图104-4所示。

步骤6　单击　确定　按钮，最终效果如图104-5所示。

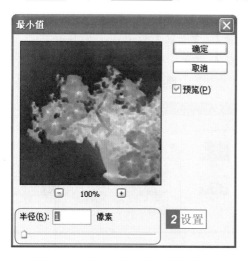

图104-4　设置"最小值"滤镜参数

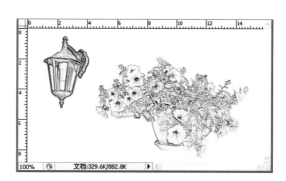

图104-5　最终效果

魔力测试
　　在步骤5中弹出的"最小值"对话框中将半径设置为比1像素更大的数值，看看图像的最终效果会是怎样。

第105例 素描效果

素　材：\素材\第6章\素描效果.psd
源文件：\源文件\第6章\素描效果.psd

知识要点　　　　制作要领
★ 去除颜色　　　★ 设置滤镜的参数
★ 设置滤镜

 步骤讲解

步骤1　打开"素描效果.psd"图像文件。

步骤2　选择图层1，然后选择【图像】/【调整】/【去色】命令，去除其颜色。

步骤3　选择【滤镜】/【画笔描边】/【阴影线】命令，在弹出的"阴影线"对话框中按照如图105-1所示设置参数，然后单击 **确定** 按钮。

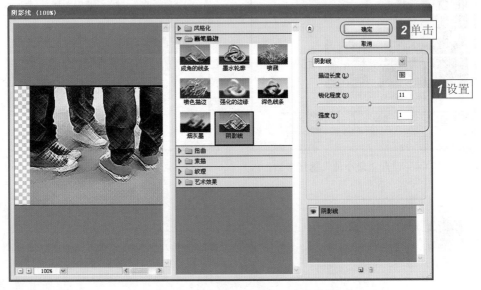

图105-1　设置"阴影线"滤镜参数

步骤4　返回到编辑窗口中，即可查看设置后的效果，如图105-2所示。

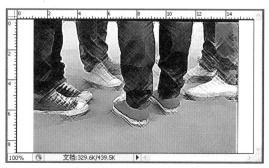

白描效果和素描效果有一点儿相似，不过素描可以表现光线的明暗，还可用到长线条。

图105-2　最终效果

第106例　油画效果

素　材：\素材\第6章\油画效果.psd
源文件：\源文件\第6章\油画效果.psd

知识要点
★ 使用"成角的线条"滤镜
★ 使用"喷溅"滤镜
★ 使用"纹理化"滤镜

制作要领
★ 使用"成角的线条"滤镜

步骤讲解

步骤1　打开"油画效果.psd"图像文件。

步骤2　选择图层1，然后选择【滤镜】/【画笔描边】/【成角的线条】命令。

步骤3　在弹出的"成角的线条"对话框中设置参数，然后单击 确定 按钮，如图106-1所示。

魔法档案

　　在弹出的"成角的线条"对话框中设置参数的同时，可以在左侧的预览框中即时查看当前设置的最终效果。因此读者在设置参数时不必和书中的描述完全一致，只要能达到自己需要的效果即可。

图106-1　设置"成角的线条"滤镜参数

步骤4 选择【滤镜】/【画笔描边】/【喷溅】命令。

步骤5 在弹出的"喷溅"对话框中设置参数，然后单击 确定 按钮，如图106-2 所示。

图106-2　设置"喷溅"滤镜参数

步骤6 选择【滤镜】/【纹理】/【纹理化】命令，弹出"纹理化"对话框。

步骤7 在"纹理化"对话框中将缩放设置为61%，凸现设置为"5"，在"纹理"下拉列表框中选择"画布"选项，在"光照"下拉列表框中选择"右上"选项，其余参数保持默认设置不变，然后单击 **确定** 按钮，图像的最终效果将显示在左侧的预览框中，如图106-3所示。

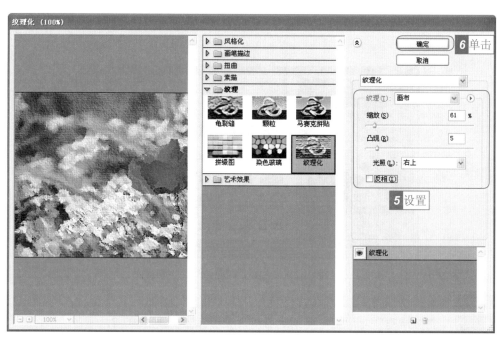

图106-3 设置纹理

第107例 水彩效果

素　材：\素材\第6章\水彩效果.psd
源文件：\源文件\第6章\水彩效果.psd

知识要点	制作要领
★ "调色刀"滤镜	★ 渐隐滤镜效果
★ 渐隐滤镜效果	

top id="

第108例 对焦效果

素 材：\素材\第6章\对焦效果.psd
源文件：\源文件\第6章\对焦效果.psd

知 识 要 点	制 作 要 领
★ 创建选区 ★ 反选选区 ★ "高斯模糊" 　 滤镜	★ 设置"高斯模 　 糊"滤镜效果

步骤讲解

步骤1 打开"对焦效果.psd"图像文件。

步骤2 在工具箱中选择椭圆选框工具 ○ ，在属性栏中将羽化设置为15px，其余选项保持默认设置不变。

步骤3 在窗口中拖动鼠标创建选区，如图108-1所示。

步骤4 选择【选择】/【反向】命令，在图像中反选选区，如图108-2所示。

图108-1 创建选区

图108-2 反选选区

步骤5 选择【滤镜】/【模糊】/【高斯模糊】命令，弹出"高斯模糊"对话框。

步骤6 在"高斯模糊"对话框中将半径设置为"3.0像素"，如图108-3所示。

步骤7　单击 确定 按钮，最终效果如图108-4所示。

图108-3　设置"高斯模糊"滤镜

图108-4　最终效果

第109例　油性蜡笔效果

素　材：\素材\第6章\油性蜡笔效果.psd
源文件：\源文件\第6章\油性蜡笔效果.psd

知识要点
★ 选择动作组
★ 播放动作

制作要领
★ 选择需要的动作

步骤讲解

步骤1　打开"油性蜡笔效果.psd"图像文件。

步骤2　选择【窗口】/【动作】命令，打开"动作"控制面板。

步骤3　单击"动作"控制面板右上角的 按钮，在弹出的下拉菜单底部列出了这些动作组的命令选项，在其中选择"图像效果"命令即可载入相应的动作组，如图109-1所示。

步骤4 单击"图像效果"动作组左侧的▷按钮，使其变为▽状并展开其中的命令，然后选择"油彩蜡笔"命令，如图109-2所示。

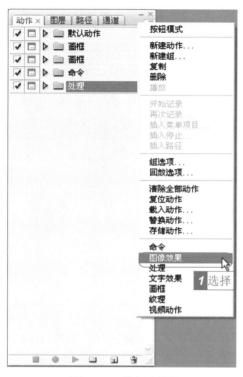

图109-1 载入动作组

图109-2 选择"油彩蜡笔"命令

步骤5 单击"动作"控制面板下方的"播放选定的动作"按钮▶，最终效果如图109-3所示。

图109-3 最终效果

播放动作后，在"历史记录"控制面板中将生成"快照X（X为自然数，按生成顺序排列）"图标，单击该图标可恢复图像的原始效果。

第110例 分解色调效果

素　材：\素材\第6章\分解色调.psd
源文件：\源文件\第6章\分解色调.psd

知 识 要 点	制 作 要 领
★ 创建选区 ★ 反选选区 ★ 选择动作组 ★ 播放动作	★ 选择动作组

 步骤讲解

步骤1　打开"分解色调.psd"图像文件。

步骤2　选择矩形选框工具 ⬚，在图像窗口中拖动鼠标创建选区，如图110-1所示。

步骤3　选择【选择】/【反向】命令，在图像中反选选区，如图110-2所示。

图110-1　创建选区

图110-2　反选选区

步骤4　选择【窗口】/【动作】命令，打开"动作"控制面板。

步骤5　单击"默认动作"动作组左侧的▶按钮，使其变为▼形状并展开其中的命令，然后选择"四分颜色"命令，如图110-3所示。

步骤6　单击"动作"控制面板下方的"播放选定的动作"按钮▶，最终效果如图110-4所示。

一学就会魔法书

图110-3 选择"四分颜色"命令

图110-4 最终效果

第111例 局部彩色效果

素　材：\素材\第6章\局部彩色效果.psd
源文件：\源文件\第6章\局部彩色效果.psd

知 识 要 点
★ 去除色彩
★ 恢复局部色彩

制 作 要 领
★ 历史记录画笔工具的使用

 步 骤 讲 解

步骤1　打开"局部彩色效果.psd"图像文件。

步骤2　选择【图像】/【调整】/【去色】命令，去除图像的色彩，使其变为黑白照片的效果，如图111-1所示。

步骤3　在工具箱中选择历史记录画笔工具，然后在图像中的一支花上拖动鼠标，使其恢复色彩，最终效果如图111-2所示。

图111-1　去除颜色　　　　　　　　　　　　　图111-2　最终效果

第112例　阳光灿烂效果

素　材：\素材\第6章\阳光灿烂效果.psd
源文件：\源文件\第6章\阳光灿烂效果.psd

知 识 要 点	制 作 要 领
★ "光照效果" 滤镜	★ 渐隐滤镜效果
★ 渐隐滤镜效果	

 步骤讲解

步骤1 打开"阳光灿烂效果.psd"图像文件。

步骤2 选择【滤镜】/【渲染】/【光照效果】命令，在弹出的"光照效果"对话框中的"光照类型"下拉列表框中选择"平行光"选项，然后单击颜色方框（即色块）□，如图112-1所示。

步骤3 弹出"选择光照颜色"对话框，在其中将颜色设置为"黄色（R250，G250，B6）"，然后单击 确定 按钮，如图112-2所示。

一学就会魔法书

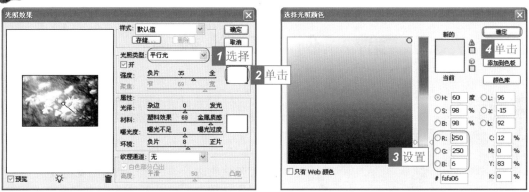

图112-1 设置光照效果参数　　　　　　　　图112-2 选择光照颜色

步骤4 选择【图像】/【渐隐光照效果】命令,弹出"渐隐"对话框。

步骤5 在"渐隐"对话框中将不透明度设置为82%,模式设置为"变亮",如图112-3所示。

步骤6 单击 确定 按钮,最终效果如图112-4所示。

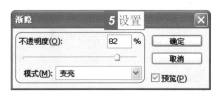

图112-3 在"渐隐"对话框中设置相应参数　　　　　图112-4 最终效果

为什么要使用"渐隐"对话框呢?

这是为了调整变亮的效果,使光线中花朵的图像更加清晰。

第113例 喷涂效果

素　材：\素材\第6章\喷涂效果.psd
源文件：\源文件\第6章\喷涂效果.psd

知识要点
★ "强化的边缘" 滤镜
★ 渐隐滤镜效果

制作要领
★ 渐隐滤镜效果

 步骤讲解

步骤1　打开"喷涂效果.psd"图像文件。

步骤2　选择【滤镜】/【画笔描边】/【强化的边缘】命令，在弹出的"强化的边缘"对话框中按照如图113-1所示设置相应参数，然后单击 确定 按钮。

图113-1　设置"强化的边缘"滤镜参数

步骤3　选择【图像】/【渐隐强化的边缘】命令，弹出"渐隐"对话框。

步骤4　在"渐隐"对话框中将不透明度设置为80%，模式设置为"滤色"，单击 确定 按钮，如图113-2所示。

步骤5　返回图像窗口中，最终效果如图113-3所示。

图113-2　在"渐隐"对话框中设置相应参数　　　　图113-3　最终效果

第114例　下雪效果

素　材：\素材\第6章\下雪效果.psd
源文件：\源文件\第6章\下雪效果.psd

知 识 要 点
★ 选择动作组
★ 播放动作
★ "扩散亮光"
　　滤镜

制 作 要 领
★ 设置"扩散亮光"
　　滤镜参数

　步 骤 讲 解

步骤1　打开"下雪效果.psd"图像文件。

步骤2　选择【窗口】/【动作】命令，打开"动作"控制面板。

步骤3　选择"图像处理"动作组中的"暴风雪"命令。

步骤4　单击"动作"控制面板下方的"播放选定的动作"按钮 ▶，在图层0上方增加一个图层0副本图层，以实现暴风雪效果。

Photoshop CS3图像处理200例（全彩版）

步骤5 选择图层0，然后选择【滤镜】/【扭曲】/【扩散亮光】命令，弹出"扩散亮光"对话框，在其中将参数设置为如图114-1所示，然后单击 确定 按钮。

图114-1 设置"扩散亮光"滤镜参数

步骤6 返回到编辑窗口中，此时可看到设置后的下雪效果，如图114-2所示。

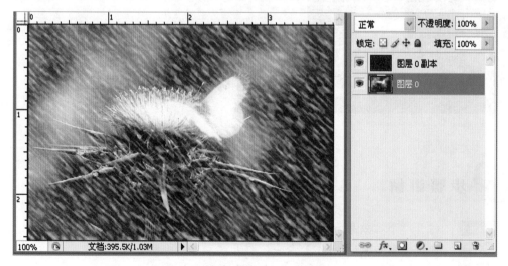

图114-2 最终效果

第115例 斜风细雨效果

素　材：\素材\第6章\斜风细雨.psd
源文件：\源文件\第6章\斜风细雨.psd

知 识 要 点	制 作 要 领
★ 选择动作组	★ 设置"扩散"滤
★ 播放动作	镜参数
★ 使用"扩散"	
滤镜	

步 骤 讲 解

步骤1 打开"斜风细雨.psd"图像文件。

步骤2 选择【窗口】/【动作】命令，打开"动作"控制面板。

步骤3 选择"图像处理"动作组中的"细雨"命令。

步骤4 单击"动作"控制面板下方的"播放选定的动作"按钮▶，在背景图层上方增加一个背景 副本图层，以实现效果。

步骤5 选择"背景"图层，然后选择【滤镜】/【风格化】/【扩散】命令，在弹出的"扩散"对话框中将参数设置为如图115-1所示。

步骤6 单击 确定 按钮关闭对话框，返回到编辑窗口中即可查看设置后的效果，如图115-2所示。

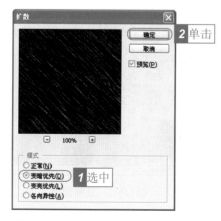

图115-1 设置"扩散"滤镜参数

图115-2 最终效果

第116例　老照片效果

素　材：\素材\第6章\老照片.psd
源文件：\源文件\第6章\老照片.psd

知 识 要 点	制 作 要 领
★ 选择动作组	★ 调整色相/饱和度
★ 播放动作	
★ 调整色相/饱和度	

步骤讲解

步骤1　打开"老照片.psd"图像文件。

步骤2　选择【窗口】/【动作】命令，打开"动作"控制面板。

步骤3　选择"图像处理"动作组中的"仿旧照片"命令。

步骤4　单击"动作"控制面板下方的"播放选定的动作"按钮 ▶，自动在背景图层上方增加一个背景 副本图层。

步骤5　选择【图像】/【调整】/【色相/饱和度】命令，在弹出的"色相/饱和度"对话框中选中 ☑着色(O) 复选框，将其余参数设置为如图116-1所示。

步骤6　单击 确定 按钮关闭对话框，最终效果如图116-2所示。

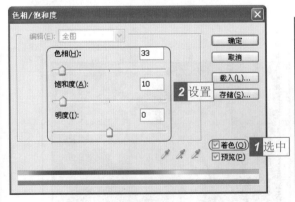

图116-1　"色相/饱和度"对话框

图116-2　最终效果

第117例 浓雾效果

素　材：\素材\第6章\浓雾效果.psd
源文件：\源文件\第6章\浓雾效果.psd

知 识 要 点

★ 使用"扩散亮光"滤镜
★ 使用"高斯模糊"滤镜

制 作 要 领

★ 设置滤镜参数

步骤讲解

步骤1　打开"浓雾效果.psd"图像文件。

步骤2　选择【滤镜】/【扭曲】/【扩散亮光】命令，在弹出的"扩散亮光"对话框中将参数设置为如图117-1所示，然后单击 确定 按钮。

图117-1　设置"扩散亮光"滤镜参数

步骤3 选择【滤镜】/【模糊】/【高斯模糊】命令，在弹出的"高斯模糊"对话框中将参数设置为如图117-2所示。

步骤4 单击 确定 按钮，最终效果如图117-3所示。

图117-2 设置"高斯模糊"滤镜参数

图117-3 最终效果

第118例 繁花效果

素　材：\素材\第6章\繁花效果.psd
源文件：\源文件\第6章\繁花效果.psd

知识要点
★ 新建图层
★ 选择填充图案
★ 油漆桶工具

制作要领
★ 油漆桶工具的使用

步骤讲解

步骤1 打开"繁花效果.psd"图像文件，然后在图层0上方新建图层1图层。

步骤2 在工具箱中选择油漆桶工具，然后在属性栏中的"设置填充区域的源"下拉列表框中选择"图案"选项，接着单击该下拉列表框右侧的"图案"拾色器按钮，弹出"图案"拾色器。

步骤3 在"图案"拾色器中单击⊙按钮，然后在弹出的列表中选择"自然图案"选项，将弹出"自然图案"拾色器。

步骤4 在其中双击"蓝色雏菊"选项，将其设置为填充图案。

步骤5 在图层1中单击鼠标，填充图像背景，然后将图层混合模式更改为"浅色"，最终效果如图118-1所示。

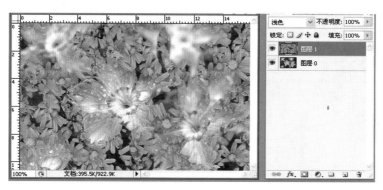

图118-1 最终效果

第119例 玻璃窗效果

素　材：\素材\第6章\玻璃窗效果.psd
源文件：\源文件\第6章\玻璃窗效果.psd

知识要点	制作要领
★ 使用"进一步模糊"滤镜 ★ 使用"玻璃"滤镜	★ 设置"玻璃"滤镜参数

步骤讲解

步骤1 打开"玻璃窗效果.psd"图像文件。

步骤2 选择【滤镜】/【模糊】/【进一步模糊】命令，使图像模拟出看不清楚的视觉效果。

步骤3 选择【滤镜】/【扭曲】/【玻璃】命令，在弹出的"玻璃"对话框中将参数设置为如图119-1所示，单击 确定 按钮。

图119-1　设置"玻璃"滤镜参数

步骤4　返回到编辑窗口中，即可查看设置后的效果，如图119-2所示。

如果直接使用"玻璃"滤镜，图像太清晰，缺少玻璃的质感。

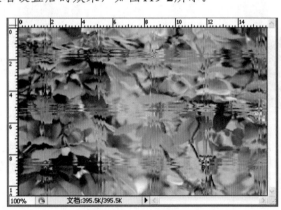

图119-2　最终效果

 魔力测试

　　打开"玻璃窗效果.psd"图像文件（光盘:\素材\第6章\玻璃窗效果.psd），直接对其使用"玻璃"滤镜，看看设置后的效果和图119-2所示的效果（光盘:\源文件\第6章\玻璃窗效果.psd）有何不同。

第120例 马克笔效果

素　材：\素材\第6章\马克笔效果.psd
源文件：\源文件\第6章\马克笔效果.psd

知 识 要 点	制 作 要 领
★ 使用"彩块化"滤镜	★ 根据需要设置滤
★ 使用"墨水轮廓"	镜的参数
滤镜	
★ 设置"渐隐"对话框	

 步 骤 讲 解

步骤1 打开"马克笔效果.psd"图像文件。

步骤2 选择【滤镜】/【像素化】/【彩块化】命令，在图像上直接实现彩块化的效果。

步骤3 选择【滤镜】/【扭曲】/【墨水轮廓】命令，在弹出的"墨水轮廓"对话框中将参数设置为如图120-1所示，然后单击　确定　按钮。

图120-1　设置"墨水轮廓"滤镜参数

步骤4 选择【图像】/【渐隐墨水轮廓】命令，弹出"渐隐"对话框。

步骤5 在"渐隐"对话框中将不透明度设置为60%，在"模式"下拉列表框中选择"浅色"选项，如图120-2所示。

步骤6 单击 确定 按钮，最终效果如图120-3所示。

图120-2 设置"渐隐"对话框　　　　　　图120-3 最终效果

魔法师，这个图片很漂亮，可到底什么是马克笔呢？

马克笔常用于在硫酸纸上绘制园林景观和服装设计等效果图，是设计师必备的作图工具。

第121例 版画效果

素　材：\素材\第6章\版画效果.psd

源文件：\源文件\第6章\版画效果.psd

知识要点　　　　　　制作要领

★ 使用"便条纸"滤镜　★ 设置滤镜参数

★ 调整色阶

一学就会魔法书

 步骤讲解

步骤1　打开"版画效果.psd"图像文件。

步骤2　选择【滤镜】/【素描】/【便条纸】命令，在弹出的"便条纸"对话框中将参数设置为如图121-1所示，单击 [　确定　] 按钮。

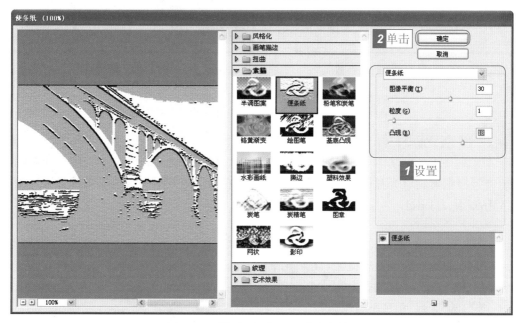

图121-1　设置"便条纸"滤镜参数

步骤3　选择【图像】/【调整】/【色阶】命令，弹出"色阶"对话框，将输入色阶设置为"0、0.18、234"，保持其余选项的默认设置不变，如图121-2所示。

魔法档案

　　"色阶"对话框的"输入色阶"栏中从左至右的第一个数值框用来设置暗部色调，图像中低于该值的像素将变为黑色；第二个数值框用来设置图像的中间色调；第三个数值框用来设置图像的亮部色调，图像中高于该值的像素将变为白色。这3个数值框分别对应横坐标上的3个滑块，通过拖动各个滑块也可以调整色调。

步骤4　单击 [　确定　] 按钮，最终效果如图121-3所示。

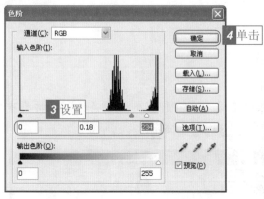

图121-2　设置"色阶"参数　　　　　　　　　图121-3　最终效果

 过关练习

（1）根据素材（光盘:\素材\第6章\练习1.psd）制作如下图所示的图像效果（光盘:\源文件\第6章\练习1.psd）。

提示：

❖ 选择【滤镜】/【素描】/【炭笔】命令，设置"炭笔粗细"为1，"细节"为5，"明/暗平衡"为72。

❖ 选择【编辑】/【渐隐便条纸】命令，在其中设置"不透明度"为80%，"模式"为"滤色"。

练习1

（2）根据素材（光盘:\素材\第6章\练习2.psd）制作如下图所示的图像效果（光盘:\源文件\第6章\练习2.psd）。

提示：

❖ 选择【滤镜】/【像素化】/【马赛克】命令，将"单元格大小"设置为50。

❖ 选择【编辑】/【渐隐马赛克】命令，在弹出的"渐隐"对话框中设置"不透明度"为60%，"模式"为"强光"。

练习2

第7章

制作质感合成特效

多媒体教学演示：40分钟

用Photoshop制作的质感合成特效真漂亮啊！

小魔女：魔法师，您在干什么呢？

魔法师：我在为一个平面广告制作一些特殊质感的图像效果。

小魔女：哇！这些质感效果太漂亮了！可以教我怎么做吗？

魔法师：没问题。除了质感特效，我再教你如何制作一些图像合成的特效。

小魔女：太棒了！我们现在就开始吧！

第122例 橙色球体

素　材：\素材\第7章\夜景.jpg
源文件：\源文件\第7章\橙色球体.psd

知识要点
★ 球面化
★ 渐变填充
★ 镜头光晕
★ 动感模糊
★ 减淡工具

制作要领
★ 载入渐变类型

 步骤讲解

步骤1　打开"夜景.jpg"图像文件，在工具箱中选择椭圆选框工具◯，按住【Shift】键创建一个正圆选区，如图122-1所示。按【Ctrl+J】键复制生成图层1。

步骤2　单击图层1缩略图，载入正圆选区。选择【滤镜】/【扭曲】/【球面化】命令，弹出"球面化"对话框，设置数量为80%，单击 确定 按钮，如图122-2所示。

图122-1　创建正圆选区　　　　图122-2　"球面化"对话框

步骤3　新建图层2，选择渐变工具▭，在属性栏的渐变类型下拉列表框中单击▶按钮，在弹出的菜单中选择"简单"命令，在弹出的提示框中单击 追加(A) 按钮，载入"简单"渐变。

步骤4　设置渐变类型为"浅橙色"，单击"径向渐变"按钮◼，在选区内由左上至右下进行渐变填充，如图122-3所示。

 一学就会魔法书

步骤5 按【Ctrl+J】键复制生成图层3，设置其图层混合模式为"叠加"。按【Ctrl+E】键向下合并图层为新的图层2，设置其图层混合模式为"强光"，不透明度为80%，如图122-4所示。

图122-3 渐变填充

图122-4 设置图层混合模式和不透明度

步骤6 按【Ctrl+E】键向下合并图层为新的图层1。选择【滤镜】/【渲染】/【镜头光晕】命令，弹出"镜头光晕"对话框，设置亮度为130%，在预览框中将光晕定位于正圆区域的左上方，单击 确定 按钮，如图122-5所示。

图122-5 应用"镜头光晕"滤镜

步骤7 选择【图像】/【调整】/【亮度/对比度】命令，弹出"亮度/对比度"对话框，设置亮度和对比度分别为"-30、50"，单击 确定 按钮，如图122-6所示。

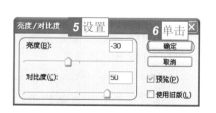

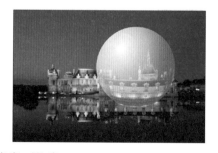
图122-6 调整亮度/对比度

步骤8 选择背景图层，选择【滤镜】/【模糊】/【动感模糊】命令，弹出"动感模糊"对话框，设置角度为"0度"，距离为"20像素"，单击 确定 按

钮，如图122-7所示。

步骤9 选择减淡工具，反复涂抹背景图层中的图像，最终效果如图122-8所示。

图122-7 "动感模糊"对话框

图122-8 最终效果

第123例 水墨效果

素　材：\素材\第7章\九寨风光
源文件：\源文件\第7章\水墨效果.psd

知识要点
★ 画笔工具
★ 复制和调整图像
★ 斜面和浮雕

制作要领
★ 使用画笔工具绘制图像

 步骤讲解

步骤1 新建一个大小为"30厘米×20厘米"，分辨率为"96像素/英寸"的文件，并命名为"水墨效果"。

步骤2 新建图层1，选择画笔工具，在属性栏中设置画笔类型为"粗边圆形钢笔200像素"，在图像文件窗口中绘制如图123-1所示的图像。

步骤3 按【Ctrl+J】键复制生成图层1副本，设置其不透明度为50%，调整图像的大小和位置，如图123-2所示。按【Ctrl+E】键向下合并生成新的图层1。

步骤4 设置前景色为"橙色（eeb35e）"，按步骤2和步骤3的方法，绘制图像，并合并生成图层2，如图123-3所示。

步骤5 设置前景色为"浅紫色（e47aff）"，按步骤2和步骤3的方法，绘制图像，并合并生成图层3，如图123-4所示。

图123-1 绘制图像

图123-2 复制并调整图像

图123-3 绘制并合并图像

图123-4 绘制并合并图像

步骤6 在"九寨风光"文件夹中打开"九寨风光1.jpg"图像文件，将其移动复制到"水墨效果"图像文件窗口中，生成图层4。将图层4拖动至图层1上方。

步骤7 调整图层4的图像大小和位置，单击图层1缩略图载入选区。按【Shift+Ctrl+I】键反选选区，按【Delete】键删除选区内容，按【Ctrl+D】键取消选区。按【Ctrl+E】键向下合并为新的图层1，如图123-5所示。

步骤8 按步骤6和步骤7的方法，复制和调整同一文件夹中的"九寨风光2.jpg"和"九寨风光3.jpg"图像文件，如图123-6所示。

图123-5 复制和调整图像

图123-6 复制和调整图像

步骤9 选择图层1，选择【图层】/【图层样式】/【斜面和浮雕】命令，弹出"图层样式"对话框，设置深度为"400%"，保持其他默认设置不变，单击 确定 按钮，如图123-7所示。

步骤10 按步骤9的方法，对图层2和图层3应用相同的图层样式。

步骤11 选择横排文字工具**T**，在属性栏中设置字体格式为"华文行楷、72点、紫色

（ff00ff）"，输入文本"九寨风光"，最终效果如图123-8所示。

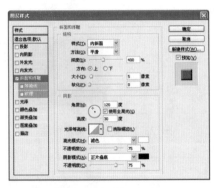

图123-7　"图层样式"对话框　　　　　　　　图123-8　最终效果

第124例　干裂质感

素　材：无
源文件：\源文件\第7章\干裂质感.psd

知识要点	制作要领
★ 点状化和高斯模糊	★ 综合应用各种滤镜
★ 光照效果和染色玻璃	
★ 喷溅、斜面和浮雕	

 步骤讲解

步骤1　新建一个大小为"10厘米×10厘米"，分辨率为"96像素/英寸"的文件，并命名为"干裂质感"。按【Alt+Delete】键填充背景图层为黑色。

步骤2　新建图层1，设置前景色为"深褐色（735a3c）"，按【Alt+Delete】键填充图层1。

步骤3　单击"通道"控制面板下方的"创建新通道"按钮 ，新建通道Alpha 1。选择【滤镜】/【像素化】/【点状化】命令，弹出"点状化"对话框，设置单元格大小为4，单击 确定 按钮，如图124-1所示。

步骤4　选择【滤镜】/【模糊】/【高斯模糊】命令，弹出"高斯模糊"对话框，设置半径为"2像素"，单击 确定 按钮，如图124-2所示。

步骤5 选择图层1，选择【滤镜】/【渲染】/【光照效果】命令，弹出"光照效果"对话框，设置纹理通道为Alpha 1，在预览框中调整光照范围，单击 确定 按钮，如图124-3所示。

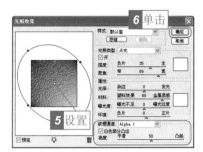

图124-1　"点状化"对话框　　图124-2　"高斯模糊"对话框　　图124-3　"光照效果"对话框

步骤6 新建图层2，按【Ctrl+Delete】键将其填充为白色。

步骤7 选择【滤镜】/【纹理】/【染色玻璃】命令，弹出滤镜库中的"染色玻璃"对话框，设置单元格大小、边框粗细和光照强度分别为"43、7、0"，单击 确定 按钮，如图124-4所示。

步骤8 选择【滤镜】/【画笔描边】/【喷溅】命令，弹出滤镜库中的"喷溅"对话框，设置喷色半径和平滑度分别为"7、5"，单击 确定 按钮，如图124-5所示。

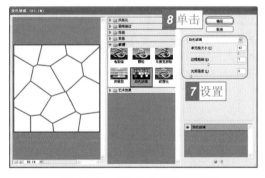
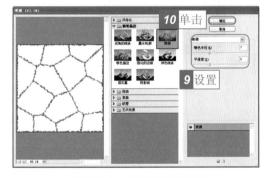

图124-4　"染色玻璃"对话框　　　　图124-5　"喷溅"对话框

步骤9 选择魔棒工具 ，单击白色区域载入选区，按【Shift+Ctrl+I】键反选选区。删除图层2，自动选择图层1。按【Delete】键删除选区内容，然后按【Ctrl+D】键取消选区，如图124-6所示。

步骤10 选择【图层】/【图层样式】/【斜面和浮雕】命令，弹出"图层样式"对话框，设置深度和阴影不透明度分别为1000%、50%"，单击 确定 按钮，如图124-7所示。

步骤11 选择横排文字工具**T**，在属性栏中设置字体格式为"文鼎霹雳体、55点、浅红色（ff6464）"，输入文本"干裂质感"，最终效果如图124-8所示。

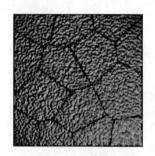

图124-6　删除选区内容

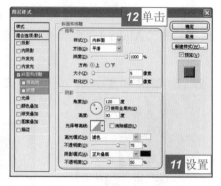

图124-7　"图层样式"对话框

图124-8　最终效果

第125例　宝石质感

素　材：无

源文件：\源文件\第7章\宝石质感.psd

知识要点	制作要领
★ 绘制和描边路径	★ 绘制宝石路径
★ 填充图层	★ 创建宝石选区
★ 色相/饱和度	
★ 创建选区	
★ 外发光	

步骤1　新建一个大小为"10厘米×10厘米"，分辨率为"96像素/英寸"的文件，并命名为"宝石质感"。按【Alt+Delete】键填充背景图层为黑色。

步骤2　选择钢笔工具 ，在窗口中绘制宝石路径，如图125-1所示。

步骤3　选择画笔工具 ，在属性栏中设置画笔类型为"尖角2像素"，设置前景色为"白色"。新建图层1，单击"路径"控制面板下方的"用画笔描边路径"按钮 ，对路径进行描边，如图125-2所示。

步骤4　新建图层2，选择【编辑】/【填充】命令，弹出"填充"对话框，设置使用的填充内容为"图案"，在"自定图案"下拉列表框中选择"绸光"选项 ，单击 确定 按钮，如图125-3所示。

图125-1 绘制宝石路径　　图125-2 描边路径　　图125-3 "填充"对话框

步骤5 选择【图像】/【调整】/【色相/饱和度】命令，弹出"色相/饱和度"对话框，选中☑**着色(O)**复选框，设置色相、饱和度和明度分别为"0、100、15"，单击 **确定** 按钮，如图125-4所示。

步骤6 将图层1移至图层2上方，按【Ctrl+J】键复制生成图层1副本，设置其图层混合模式为"叠加"。

步骤7 选择【滤镜】/【模糊】/【高斯模糊】命令，弹出"高斯模糊"对话框，设置半径为"3像素"，单击 **确定** 按钮，如图125-5所示。

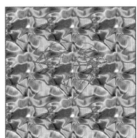

图125-4 调整色相/饱和度　　　　图125-5 "高斯模糊"对话框

步骤8 选择图层2，使用多边形套索工具沿宝石图像边缘创建选区。按【Shift+Ctrl+I】键反选选区，按两次【Delete】键删除选区内容，按【Ctrl+D】键取消选区，如图125-6所示。

魔法档案

由于绘制的宝石路径包含在步骤8创建的选区中，因此第一次按【Delete】键将删除路径，第二次按【Delete】键则删除选区内容。

步骤9 选择【图层】/【图层样式】/【外发光】命令，弹出"图层样式"对话框，设置发光颜色为"浅红色（ff8989）"，扩展为"15%"，大小为"200像素"，单击 **确定** 按钮，如图125-7所示。

步骤10 返回图像文件窗口，最终效果如图125-8所示。

图125-6 删除选区内容

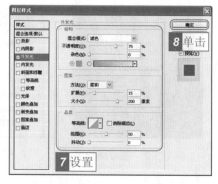
图125-7 "图层样式"对话框

图125-8 最终效果

第126例 冰冻质感

素　材：\素材\第7章\小狗.jpg
源文件：\源文件\第7章\冰冻质感.psd

知识要点
★ 照亮边缘
★ 铬黄
★ 图层混合模式
★ 色相/饱和度

制作要领
★ 应用"照亮边缘"
　和"铬黄"滤镜

 步骤讲解

步骤1 打开"小狗.jpg"图像文件，使用快速选择工具创建小狗图像选区，并设置其羽化半径为"1像素"。按两次【Ctrl+J】键复制生成图层1和图层1副本。

步骤2 选择图层1副本，选择【滤镜】/【模糊】/【高斯模糊】命令，弹出"高斯模糊"对话框，设置半径为"2像素"，单击 按钮，如图126-1所示。

步骤3 选择【滤镜】/【风格化】/【照亮边缘】命令，弹出滤镜库中的"照亮边缘"对话框，设置边缘宽度、边缘亮度和平滑度分别为"3、8、6"，单击 确定 按钮，如图126-2所示。

步骤4 设置图层1副本的图层混合模式为"滤色"。选择图层1，按【Ctrl+J】键复制生成图层1副本2，然后将其拖动到图层1副本上方。

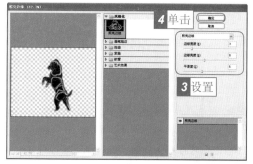

图126-1 "高斯模糊"对话框   图126-2 "照亮边缘"对话框

步骤5 选择【滤镜】/【素描】/【铬黄】命令，弹出滤镜库中的"铬黄渐变"对话框，设置细节和平滑度分别为"3、7"，单击 确定 按钮，如图126-3所示。

步骤6 设置图层1副本2的图层混合模式为"叠加"。

步骤7 选择【图像】/【调整】/【色相/饱和度】命令，弹出"色相/饱和度"对话框，选中☑着色(O)复选框，然后设置色相、饱和度和明度分别为"210、75、45"，单击 确定 按钮，如图126-4所示。

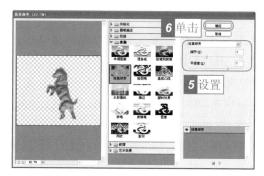

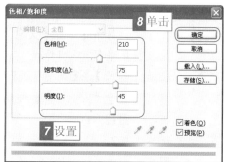

图126-3 "铬黄"对话框   图126-4 "色相/饱和度"对话框

步骤8 选择图层1副本，按步骤7的方法调整其色相、饱和度和明度分别为"210、75、50"，图像效果如图126-5所示。

步骤9 选择直排文字工具 T，在属性栏中设置字体格式为"文鼎雕刻体、90点、白色"，输入文本"冰冻质感"，最终效果如图126-6所示。

图126-5 调整色相/饱和度   图126-6 最终效果

第127例 铜锈质感

素　材：\素材\第7章\铜钱.jpg
源文件：\源文件\第7章\铜锈质感.psd

知识要点	制作要领
★ 色相/饱和度	★ 填充图层
★ 填充	★ 调整图层混合模
★ 图层混合模式	式和不透明度
★ 光照效果	★ 复制通道

 步骤讲解

步骤1 打开"铜钱.jpg"图像文件，使用快速选择工具 创建铜钱图像选区，并设置其羽化半径为"1像素"。按【Ctrl+J】键复制生成图层1。

步骤2 选择【图像】/【调整】/【色相/饱和度】命令，弹出"色相/饱和度"对话框，设置色相、饱和度和明度分别为"0、-50、-10"，单击 确定 按钮，如图127-1所示。

步骤3 新建图层2，设置前景色为"棕黄（9b6932）"，按【Alt+Delete】键填充该图层。

步骤4 新建图层3，选择【编辑】/【填充】命令，弹出"填充"对话框，设置填充使用的内容为"图案"，在"自定图案"下拉列表框中单击 ▶ 按钮，在弹出的菜单中选择"填充纹理"命令，在弹出的提示框中单击 追加(A) 按钮。

步骤5 在"自定图案"下拉列表框中选择"混凝土"选项 ▨ ，单击 确定 按钮，如图127-2所示。

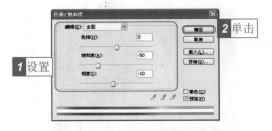

图127-1 "色相/饱和度"对话框

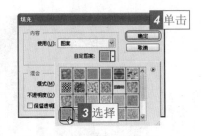

图127-2 "填充"对话框

步骤6 设置图层3的图层混合模式为"差值"，不透明度为50%。按【Ctrl+E】键向

第7章 制作质感合成特效

下合并图层，生成新的图层2。

步骤7 在"通道"控制面板中，拖动"绿"通道到"通道"控制面板下方的"创建新通道"按钮 上，复制生成副本通道。

步骤8 选择图层2，选择【滤镜】/【渲染】/【光照效果】命令，弹出"光照效果"对话框，设置纹理通道为"绿 副本"，在预览框中调整光照范围，单击 **确定** 按钮，如图127-3所示。

步骤9 按住【Ctrl】键，单击图层1缩略图载入选区，并设置其羽化半径为"1像素"。按【Shift+Ctrl+I】键反选选区，按【Delete】键删除选区内容。按【Ctrl+D】键取消选区。

步骤10 设置图层2的图层混合模式为"叠加"，不透明度为80%，最终效果如图127-4所示。

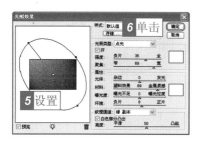

图127-3 "光照效果"对话框

图127-4 最终效果

第128例 金属界面

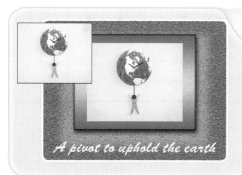

素　材：\素材\第7章\支撑地球.jpg
源文件：\源文件\第7章\金属界面.psd

知识要点
★ 纹理化
★ 减淡工具
★ 图层样式
★ 色彩平衡

制作要领
★ 设置并应用各种图层样式

步骤讲解

步骤1 新建一个大小为"20厘米×15厘米"，分辨率为"96像素/英寸"的文

239

件，并命名为"金属界面"。设置前景色为"蓝灰色（64829b）"，按【Alt+Delete】键进行填充。

步骤2 选择【滤镜】/【纹理】/【纹理化】命令，弹出滤镜库中的"纹理化"对话框，设置纹理为"砂岩"，缩放为100%，凸现为10，光照为"上"，单击 确定 按钮，如图128-1所示。

步骤3 选择减淡工具，在属性栏中设置范围为"中间调"，曝光度为50%，在背景图像中间涂抹减淡，图像效果如图128-2所示。

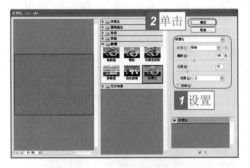
图128-1 "纹理化"对话框

图128-2 涂抹减淡效果

步骤4 新建图层1，使用矩形选框工具绘制矩形选区，并将其渐变填充为"深蓝、浅蓝、深蓝"，按【Ctrl+D】键取消选区，如图128-3所示。

步骤5 选择【图层】/【图层样式】/【投影】命令，弹出"图层样式"对话框，设置距离和大小分别为"10像素"和"20像素"，扩展为10%，如图128-4所示。

图128-3 绘制并渐变填充选区

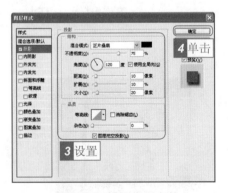
图128-4 设置投影参数

步骤6 选中内阴影复选框，保持默认参数设置不变。

步骤7 选中斜面和浮雕复选框，设置深度为150%，高度为45度，高光模式的不透明度为5%，如图128-5所示。

步骤8 选中纹理复选框，在"图案"下拉列表框中选择"金属画"选项，设置深度为5%，单击 确定 按钮，如图128-6所示。

步骤9 打开"支撑地球.jpg"图像文件，将其拖动复制到"金属界面"图像文件窗

口中，并调整其大小和位置。

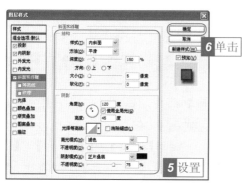

图128-5　设置斜面和浮雕参数

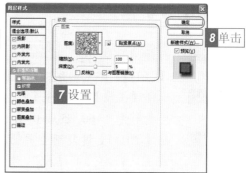

图128-6　设置纹理参数

步骤10　选择【图像】/【调整】/【色彩平衡】命令，弹出"色彩平衡"对话框，设置色阶为"-100、0、100"，单击 确定 按钮，如图128-7所示。

步骤11　选择横排文字工具**T**，在属性栏中设置字体格式为"BrushScrDEE、48点、白色"，输入文本A pivot to uphold the earth，最终效果如图128-8所示。

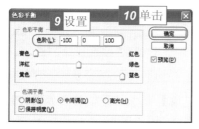

图128-7　"色彩平衡"对话框

图128-8　最终效果

第129例　瓷纹质感

素　材：\素材\第7章\瓷盘.jpg
源文件：\源文件\第7章\瓷纹质感.psd

知识要点
★ 色彩平衡
★ 晶格化
★ 调整色阶
★ 光照效果
★ 图层混合模式和
不透明度

制作要领
★ 应用"晶格化"
滤镜
★ 调整光照范围

 步骤讲解

步骤1 打开"瓷盘.jpg"图像文件，使用快速选择工具 ✎ 创建瓷盘图像选区，按【Ctrl+J】键复制生成图层1。

步骤2 选择【图像】/【调整】/【色彩平衡】命令，弹出"色彩平衡"对话框，设置色阶为"-60、50、0"，单击 确定 按钮，如图129-1所示。

步骤3 按【Ctrl+J】键复制生成图层1副本。选择【滤镜】/【像素化】/【晶格化】命令，弹出"晶格化"对话框，设置单元格大小为25，单击 确定 按钮，如图129-2所示。

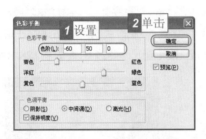

图129-1 "色彩平衡"对话框

图129-2 "晶格化"对话框

步骤4 选择【滤镜】/【风格化】/【查找边缘】命令，图像效果如图129-3所示。

步骤5 选择【图像】/【调整】/【色阶】命令，弹出"色阶"对话框，设置输出色阶为"0、0.1、255"，单击 确定 按钮，如图129-4所示。按【Shift+Ctrl+U】键去色。

图129-3 查找边缘

图129-4 "色阶"对话框

步骤6 选择【滤镜】/【渲染】/【光照效果】命令，弹出"光照效果"对话框，设置纹理通道为"红"，高度为100，在预览框中调整光照范围，单击 确定 按钮，如图129-5所示。

步骤7 设置图层1副本的图层混合模式为"正片叠底"，不透明度为10%，最终效果如图129-6所示。

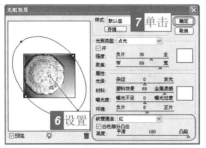

图129-5 "光照效果"滤镜

图129-6 最终效果

第130例 水晶贝壳

素　材：\素材\第7章\水晶贝壳.psd
源文件：\源文件\第7章\水晶贝壳.psd

知识要点
★ "玻璃"滤镜
★ 载入选区
★ 图层样式
★ 曲线

制作要领
★ 在不同图层中载入
选区
★ 应用多种图层样式

 步骤讲解

步骤1 打开"水晶贝壳.psd"图像文件，选择背景图层，按【Ctrl+J】键复制生成背景图层副本。隐藏图层1，按住【Ctrl】键单击图层1缩略图，载入贝壳图像选区，如图130-1所示。

步骤2 选择【滤镜】/【扭曲】/【玻璃】命令，弹出滤镜库中的"玻璃"对话框，设置扭曲度和平滑度分别为"20、5"，单击 确定 按钮，如图130-2所示。

步骤3 新建图层2，按【Ctrl+Delete】键填充选区为白色，按【Ctrl+D】键取消选区，如图130-3所示。

步骤4 选择【图层】/【图层样式】/【斜面和浮雕】命令，弹出"图层样式"对话框，取消选中□**使用全局光(G)**复选框，设置深度为65%，大小为"90像素"，高度为"65度"，光泽等高线为"环形"。

步骤5 设置高光模式为"滤色"，不透明度为100%；阴影模式为"正常"，不透明度为50%，如图130-4所示。

图130-1　载入选区

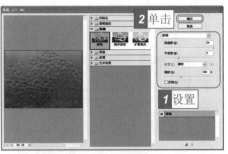

图130-2　"玻璃"对话框

图130-3　填充选区

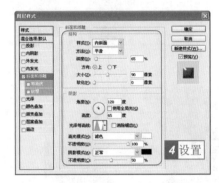

图130-4　设置斜面和浮雕参数

步骤6　选中☑**等高线**复选框，设置范围为"20%"。选中☑**颜色叠加**复选框，设置颜色为"黑色"。

步骤7　选中☑**光泽**复选框，设置混合模式为"滤色"，光泽颜色为"白色"，不透明度为100%，角度为"135度"，距离和大小分别为"40像素"和"70像素"，等高线类型为"锯齿1"，单击 [确定] 按钮，如图130-5所示。

步骤8　新建图层3，同时选择图层2和图层3，按【Ctrl+E】键向下合并为新的图层3。选择【滤镜】/【扭曲】/【玻璃】命令，弹出滤镜库中的"玻璃"对话框，设置扭曲度和平滑度分别为"12、5"，单击 [确定] 按钮，如图130-6所示。

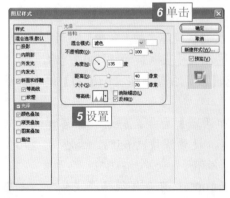

图130-5　设置光泽

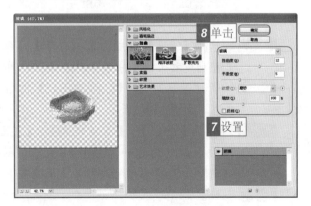

图130-6　"玻璃"对话框

一学就会魔法书

步骤9 选择【图层】/【图层样式】/【投影】命令，弹出"图层样式"对话框，取消选中□**使用全局光(G)**复选框，设置投影颜色为"蓝黑色（0a325a）"。

步骤10 设置角度为"140度"，距离和大小分别为"20像素"和"50像素"，扩展为20%，如图130-7所示。

步骤11 选中☑**内阴影**复选框，取消选中□**使用全局光(G)**复选框，设置内阴影颜色为"海蓝色（0a7dbe）"，距离和大小分别为"15像素"和"50像素"，扩展为10%，单击 确定 按钮，如图130-8所示。

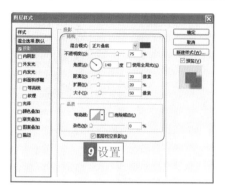

图130-7 设置投影参数　　　　　图130-8 设置内阴影参数

步骤12 重新显示图层1，设置其图层混合模式为"柔光"。将背景副本图层拖动至图层1上方，设置其图层混合模式为"叠加"。

步骤13 选择【图像】/【调整】/【曲线】命令，弹出"曲线"对话框，调整曲线形状，单击 确定 按钮，如图130-9所示。

步骤14 返回图像文件窗口，最终效果如图130-10所示。

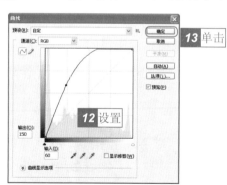

图130-9 "曲线"对话框

图130-10 最终效果

魔法档案

　　在"图层"控制面板中双击需要添加图层样式的图层，也可弹出"图层样式"对话框，选中左侧"样式"列表框中的相应复选框，即可编辑图层样式。

第131例　镂空蝴蝶

素　材：无
源文件：\源文件\第7章\镂空蝴蝶.psd

知 识 要 点	制 作 要 领
★路径转换为选区	★绘制路径
★染色玻璃	★应用"染色玻璃"
★图层样式	滤镜

 步骤讲解

步骤1　新建一个大小为"10厘米×10厘米"，分辨率为"96像素/英寸"的文件，并命名为"镂空蝴蝶"。新建图层1，按【Alt+Delete】键填充为黑色。

步骤2　选择自定形状工具，在属性栏的"形状"下拉列表框中选择"蝴蝶"选项，绘制蝴蝶形状路径。按【Ctrl+Enter】键将路径转换为选区，设置前景色为"黄色"，按【Alt+Delete】键填充选区，如图131-1所示。

步骤3　按【D】键复位前景色。选择【滤镜】/【纹理】/【染色玻璃】命令，弹出滤镜库中的"染色玻璃"对话框，设置单元格大小、边框粗细和光照强度分别为"5、5、0"，单击 确定 按钮，如图131-2所示。

图131-1　填充选区

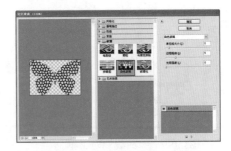

图131-2　"染色玻璃"对话框

步骤4　按【Ctrl+J】键复制生成图层1副本，隐藏图层1。

步骤5　选择魔棒工具，在属性栏中设置容差为100，取消选中□**连续**复选框，单击图层1副本中的黑色部分，按【Ctrl+Delete】键填充为白色。

步骤6　按【Shift+Ctrl+I】键反选选区，按【Delete】键删除选区内容，按

【Ctrl+D】键取消选区，如图131-3所示。

步骤7 选择【图层】/【图层样式】/【斜面和浮雕】命令，弹出"图层样式"对话框，设置深度为500%，光泽等高线类型为"半圆"，如图131-4所示。

图131-3 删除选区内容

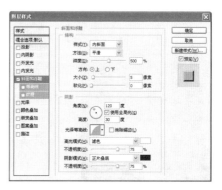

图131-4 设置斜面和浮雕参数

步骤8 选中☑**外发光**复选框，设置扩展为10%，大小为"50像素"，保持其他默认参数设置不变，单击 确定 按钮，如图131-5所示。

步骤9 选择背景图层，选择【滤镜】/【纹理】/【染色玻璃】命令，弹出滤镜库中的"染色玻璃"对话框，设置单元格大小、边框粗细和光照强度分别为"40、5、0"，单击 确定 按钮，如图131-6所示。

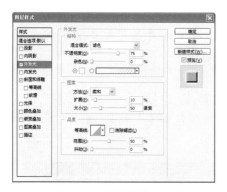

图131-5 设置外发光参数

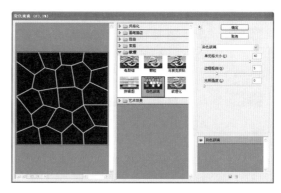

图131-6 "染色玻璃"对话框

步骤10 返回图像文件窗口，最终效果如图131-7所示。

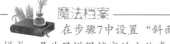

魔法档案

在步骤7中设置"斜面和浮雕"图层样式，是为了增强镂空的立体感。

图131-7 最终效果

第132例 灿烂霞光

素　材：无
源文件：\源文件\第7章\灿烂霞光.psd

知识要点	制作要领
★ 画笔工具	★ 扭曲变形
★ 渐变工具	
★ 绘制并填充选区	
★ 高斯模糊	
★ 扭曲变形	

 步骤讲解

步骤1　新建一个大小为"20厘米×14厘米"，分辨率为"96像素/英寸"的文件，并命名为"灿烂霞光"。

步骤2　新建图层1，选择画笔工具 ✎，在属性栏中设置画笔类型为"尖角50像素"，在选区内绘制山峦图像，如图132-1所示。

步骤3　选择背景图层，新建图层2。

步骤4　选择渐变工具 ，在属性栏中的渐变类型下拉列表框中追加"杂色样本"渐变样式，选择"日出"选项 ，单击"线性渐变"按钮 ，在图层2中由上至下进行渐变填充，如图132-2所示。

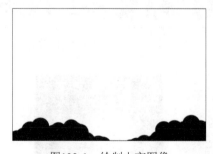

图132-1　绘制山峦图像

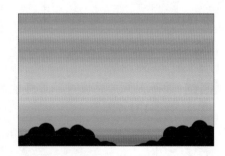

图132-2　渐变填充

步骤5　选择图层1，新建图层3。绘制一个矩形选区，并按【Alt+Delete】键填充为黑色，按【Ctrl+D】键取消选区，如图132-3所示。

步骤6　选择【滤镜】/【模糊】/【高斯模糊】命令，弹出"高斯模糊"对话框，设

置半径为"35像素",单击 [确定] 按钮,如图132-4所示。

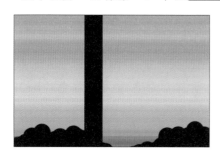

图132-3 绘制和填充选区

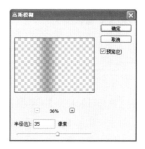

图132-4 "高斯模糊"对话框

步骤7 选择【编辑】/【变换】/【扭曲】命令,打开自由变换调节框,拖动角点将霞光变形,按【Ctrl+Enter】键确定变形。设置图层3的不透明度为50%,如图132-5所示。

步骤8 按4次【Ctrl+J】键复制生成4个图层3的副本图层,按步骤7的方法,对每个图层进行扭曲变形,最终效果如图132-6所示。

图132-5 扭曲变形

图132-6 最终效果

第133例 玉石质感

 素 材:无
源文件:\源文件\第7章\玉石质感.psd

知识要点

★ 绘制图像

★ 云彩、半调图案、龟裂缝和高斯模糊

★ 色相/饱和度

★ 图层样式

★ 亮度/对比度

制作要领

★ 各种滤镜的应用

★ 图层样式的处理

 步骤讲解

步骤1 新建一个大小为"10厘米×10厘米"，分辨率为"96像素/英寸"的文件，并命名为"玉石质感"。设置前景色为"暗红色（be3232）"，按【Alt+Delete】键填充背景图层。

步骤2 新建图层1，设置前景色为白色。选择自定形状工具 ，在属性栏中单击"填充像素"按钮 ，在"形状"下拉列表框中选择"鸟2"选项 ，绘制鸟图像，如图133-1所示。

步骤3 单击图层1缩略图，载入鸟形状选区。选择【滤镜】/【渲染】/【云彩】命令，应用"云彩"滤镜，如图133-2所示。

步骤4 选择【滤镜】/【素描】/【半调图案】命令，弹出滤镜库中的"半调图案"对话框，设置大小和对比度分别为"1、8"，单击 确定 按钮，如图133-3所示。

图133-1　绘制图像　　　　图133-2　应用"云彩"滤镜　　　　图133-3　"半调图案"对话框

步骤5 选择【滤镜】/【纹理】/【龟裂缝】命令，弹出滤镜库中的"龟裂缝"对话框，设置裂缝间距、裂缝深度和裂缝亮度分别为"7、10、10"，单击 确定 按钮，如图133-4所示。

步骤6 选择【滤镜】/【模糊】/【高斯模糊】命令，弹出"高斯模糊"对话框，设置半径为"5像素"，单击 确定 按钮，如图133-5所示。

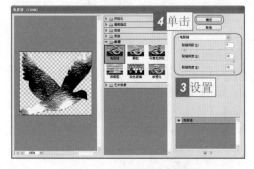　　　　　　　

图133-4　"龟裂缝"对话框　　　　　　图133-5　"高斯模糊"对话框

步骤7 新建图层2，单击图层1缩略图，载入鸟形状选区，按【Alt+Delete】键填充为白色，设置图层不透明为40%。按【Ctrl+E】键向下合并为图层1。

步骤8 选择【图像】/【调整】/【色相/饱和度】命令，弹出"色相/饱和度"对话框，选中☑ **着色(O)** 复选框，设置色相、饱和度和明度分别为"115、50、0"，单击 确定 按钮，如图133-6所示。

步骤9 按【Ctrl+J】键复制生成图层1副本，设置其图层混合模式为"正片叠底"，不透明度为60%，按【Ctrl+E】键向下合并为新的图层1，如图133-7所示。

图133-6 "色相/饱和度"对话框

图133-7 合并图层

步骤10 选择【图层】/【图层样式】/【投影】命令，弹出"图层样式"对话框，设置距离和大小分别为"20像素"和"10像素"，扩展为10%，如图133-8所示。

步骤11 选中☑ **内阴影** 复选框，设置距离和大小均为"10像素"，如图133-9所示。

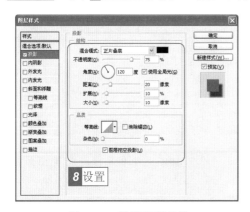

图133-8 设置投影参数

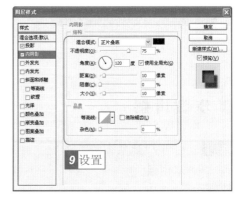

图133-9 设置内阴影参数

步骤12 选中☑ **斜面和浮雕** 复选框，设置深度为1000%，大小和软化分别为"10像素"和"5像素"，单击 确定 按钮，如图133-10所示。

步骤13 选择【图像】/【调整】/【亮度/对比度】命令，弹出"亮度/对比度"对话框，设置亮度和对比度分别为"50、−20"，单击 确定 按钮，如图133-11所示。

步骤14 返回图像文件窗口，最终效果如图133-12所示。

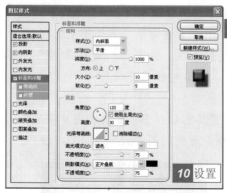

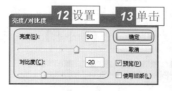

图133-10　设置斜面和浮雕参数　　　图133-11　"亮度/对比度"对话框　　　图133-12　最终效果

第134例　景象合成

素　材：\素材\第7章\景象合成
源文件：\源文件\第7章\景象合成.psd

知识要点	制作要领
★ 魔棒工具	★ 设置"计算"对
★ 计算	话框
★ 图层混合模式和	
不透明度	

 步骤讲解

步骤1　打开"景象合成"素材文件夹中的"风景.jpg"图像文件，复制生成背景副本图层。

步骤2　打开同一文件夹中的"星球.jpg"图像文件，将其拖动复制到"风景.jpg"图像文件窗口中，生成图层1，并调整其大小和位置，如图134-1所示。

步骤3　选择魔棒工具，在属性栏中设置容差为50，取消选中□**连续**复选框，单击图层1中的黑色区域，按【Delete】键删除选区内容，按【Ctrl+D】键取消选区。

步骤4　选择【图像】/【计算】命令，弹出"计算"对话框，设置源1的图层为"图层1"，通道为"绿"，源2的图层为"背景 副本"，混合为"滤色"，单击　确定　按钮，如图134-2所示。自动生成通道Alpha 1，隐藏图层1。

图134-1　复制并调整图像

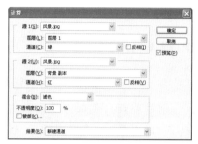

图134-2　"计算"对话框

步骤5 按住【Ctrl】键单击"通道"控制面板中的通道Alpha1的缩略图，新建图层2。设置前景色为"白色"，按【Alt+Delete】键填充选区，按【Ctrl+D】键取消选区。设置图层2的不透明度为60%，如图134-3所示。

步骤6 按【Shift+Ctrl+Alt+E】键盖印可见图层，生成图层3。按【Ctrl+J】键复制生成图层3副本，设置其图层混合模式为"正片叠底"，不透明度为50%，最终效果如图134-4所示。

图134-3　设置图层不透明度

图134-4　最终效果

第135例　烟雾质感

素　材：\素材\第7章\香烟.jpg
源文件：\源文件\第7章\烟雾质感.psd

知 识 要 点	制 作 要 领
★涂抹工具	★使用涂抹工具和
★画笔工具	画笔工具制作图
★波浪	像效果

 步骤讲解

步骤1 打开"香烟.jpg"图像文件，复制生成背景副本图层。使用快速选择工具 ，创建香烟白色部分选区，按【Ctrl+J】键复制生成图层1。

步骤2 新建图层2，使用套索工具 在烟嘴处绘制不规则选区。选择【编辑】/【描边】命令，弹出"描边"对话框，设置宽度为2px，选中 居中(C)单选按钮，单击 确定 按钮，如图135-1所示。

图135-1 绘制并描边选区

步骤3 选择图层1，按【Alt+Delete】键将选区填充为黑色，按【Ctrl+D】键取消选区。

步骤4 选择图层2，选择涂抹工具 ，在属性栏中设置画笔类型为"尖角13像素"，强度为10%，在描边处进行涂抹，制作熏黑效果。

步骤5 选择背景副本图层，新建图层3。设置前景色为"红色"，选择画笔工具 ，在属性栏中设置画笔类型为"柔角13像素"，在烟嘴处进行绘制，制作如图135-2所示的燃烧效果。

步骤6 选择图层2，新建图层4，设置前景色为"白色"。选择画笔工具 ，在属性栏中设置画笔类型为"粗边圆形钢笔25像素"，在烟嘴处进行绘制，制作烟灰效果。设置图层4不透明度为60%。

步骤7 新建图层5，选择画笔工具 ，在属性栏中设置画笔类型为"柔角13像素"，在烟嘴上方绘制若干线条，如图135-3所示。

图135-2 制作燃烧效果

图135-3 绘制线条

步骤8 选择【滤镜】/【模糊】/【高斯模糊】命令，弹出"高斯模糊"对话框，设置半径为"10像素"，单击 确定 按钮，如图135-4所示。

步骤9 选择涂抹工具 ，在属性栏中设置画笔类型为"柔角13像素"，强度为40%，对线条进行涂抹效果，效果如图135-5所示。

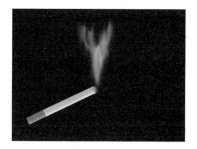

图135-4 "高斯模糊"对话框　　　　图135-5 涂抹线条

步骤10 选择【滤镜】/【扭曲】/【波浪】命令，弹出"波浪"对话框，设置生成器数为30，波长为"50、100"，波幅为"30、80"，比例均为5%，单击 确定 按钮，如图135-6所示。

步骤11 调整图层5中图像的位置，并设置其不透明度为60%，如图135-7所示。

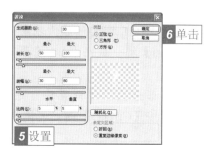

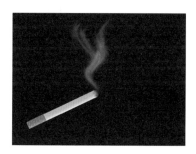

图135-6 "波浪"对话框　　　　图135-7 调整图层位置和不透明度

步骤12 选择直排文字工具 ，在属性栏中设置字体格式为"文鼎霹雳体、72点、红色"，输入文本"吸烟有害健康"，最终效果如图135-8所示。

图135-8 最终效果

选择【滤镜】/【扭曲】/【切变】命令，在弹出的对话框中调整切变曲线，也可对烟雾进行扭曲变形。

第136例 金属面具

素　材：\素材\第7章\头像.jpg
源文件：\源文件\第7章\金属面具.psd

知识要点
★ 创建选区
★ 滤镜的应用
★ 调整图像色彩

制作要领
★ 抠选面部选区
★ 调整图像色彩

　步骤讲解

步骤1　打开"头像.jpg"图像文件，使用快速选择工具创建人物面部选区，并设置其羽化半径为"1像素"。按【Ctrl+J】键生成图层1，隐藏背景图层，如图136-1所示。

步骤2　选择多边形套索工具，绘制人物眼部选区，并设置其羽化半径为"1像素"，按【Delete】键清除选区内容，按【Ctrl+D】键取消选区，如图136-2所示。

步骤3　选择【滤镜】/【艺术效果】/【绘画涂抹】命令，弹出滤镜库中的"绘画涂抹"对话框，设置画笔大小为8、锐化程度为0，单击 确定 按钮，如图136-3所示。

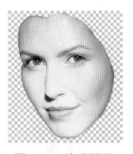
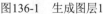

图136-1　生成图层1

图136-2　清除选区内容

图136-3　"绘画涂抹"对话框

步骤4　选择【滤镜】/【其他】/【最大值】命令，弹出"最大值"对话框，设置半径为"2像素"，单击 确定 按钮，如图136-4所示。

一学就会魔法书

步骤5 选择【图像】/【调整】/【亮度/对比度】命令，弹出"亮度/对比度"对话框，设置亮度和对比度分别为"35、-10"，单击 确定 按钮，如图136-5所示。

步骤6 选择【图像】/【调整】/【色相/饱和度】命令，弹出"色相/饱和度"对话框，选中 ☑ 着色(O) 复选框，设置色相、饱和度和明度分别为"220、10、0"，单击 确定 按钮，如图136-6所示。

图136-4 设置最大值

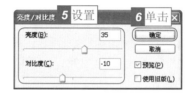

图136-5 设置亮度/对比度参数

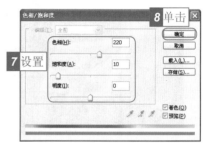

图136-6 设置色相/饱和度参数

步骤7 按【Ctrl+J】键复制生成图层1副本。选择【图像】/【调整】/【渐变映射】命令，弹出"渐变映射"对话框，设置渐变类型为"铜色"，单击 确定 按钮，如图136-7所示。

步骤8 选择【滤镜】/【模糊】/【表面模糊】命令，弹出"表面模糊"对话框，设置半径为"5像素"，阈值为"15色阶"，单击 确定 按钮，如图136-8所示。

步骤9 按步骤6的方法和相同参数设置，调整图层2的色相/饱和度。设置图层2的混合模式为"点光"，如图136-9所示。

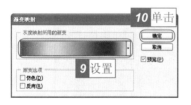

图136-7 设置渐变映射

图136-8 设置表面模糊

图136-9 调整图层混合模式

步骤10 选择背景图层，新建图层3，将其填充为红色。

步骤11 合并图层1和图层1副本，选择【图层】/【图层样式】/【投影】命令，在弹出的"图层样式"对话框中直接单击 确定 按钮，最终效果如图136-10所示。

图136-10 最终效果

第137例 飞出照片

素　材：\素材\第7章\老鹰.jpg
源文件：\源文件\第7章\飞出照片.psd

知识要点	制作要领
★ 创建并填充选区	★ 创建并填充选区
★ 添加杂色	★ 扭曲变形
★ 扭曲变形	
★ 擦除图像	

步骤讲解

步骤1 打开"老鹰.jpg"图像文件，复制生成背景副本图层。使用快速选择工具 ![]
创建老鹰选区，设置其羽化半径为"1像素"。按【Ctrl+J】键生成图层1。

步骤2 选择背景副本图层，新建图层2，创建并填充如图137-1所示的白色选区。

步骤3 选择【滤镜】/【杂色】/【添加杂色】命令，弹出"添加杂色"对话框，选
中 ⊙**高斯分布(G)**单选按钮，设置数量为10%，单击 ▭确定▭ 按钮，如图137-2
所示。

图137-1　创建并填充选区

图137-2　"添加杂色"对话框

步骤4 按【Ctrl+D】键取消选区。在原矩形区域中间绘制一个矩形选区，并清除选
区内容，再按【Ctrl+D】键取消选区，制作边框效果如图137-3所示。

步骤5 选择【编辑】/【变换】/【扭曲】命令，打开自由变换调节框，拖动角点将
边框变形，然后按【Ctrl+Enter】键确定变形，如图137-4所示。

一学就会魔法书

图137-3 清除选区内容

图137-4 扭曲变形

步骤6 选择魔棒工具 ，在属性栏中选中☑**连续**复选框，单击边框之外的区域，创建选区。新建图层3，按【Alt+Delete】键将选区填充为黑色，按【Ctrl+D】键取消选区，如图137-5所示。

步骤7 选择图层1，选择橡皮擦工具，在属性栏中设置画笔类型为"柔角45像素"，不透明度为100%，擦除图像左上方多余的翅膀图像，最终效果如图137-6所示。

图137-5 创建并填充选区

图137-6 最终效果

第138例 纹身效果

🧪 素　材：\素材\第7章\纹身
源文件：\源文件\第7章\纹身效果.psd

知 识 要 点	制 作 要 领
★ 复制粘贴选区内容	★ 调整通道色阶
★ 调整通道色阶	★ 应用"置换"滤镜
★ 高斯模糊	
★ 置换	

 步骤讲解

步骤1 打开"纹身"素材文件夹中的"人物.jpg"图像文件，复制生成背景副本图层。打开同一文件夹中的"纹身图案.jpg"图像文件，将其复制到"人物.jpg"图像文件窗口中生成图层1，调整其大小和位置，如图138-1所示。

步骤2 选择背景副本图层，创建如图138-2所示矩形选区，按【Ctrl+C】键复制选区内容。

步骤3 按【Ctrl+N】键，弹出"新建"对话框，设置名称为"皮肤"，默认参数高度和宽度不变，颜色模式为"RGB颜色"，背景内容为"透明"，单击 确定 按钮，如图138-3所示。

图138-1 复制并调整图像

图138-2 创建矩形选区

图138-3 "新建"对话框

步骤4 在"皮肤"图像文件窗口中按【Ctrl+V】键粘贴步骤2中复制的选区内容。在"通道"控制面板中删除红通道，会自动弹出提示"要拼合图像吗？"的对话框，单击 确定 按钮，自动生成洋红通道和黄色通道。

步骤5 选择洋红通道，按【Ctrl+L】键，弹出"色阶"对话框，设置输入色阶为"146、1.00、215"，单击 确定 按钮，如图138-4所示。

步骤6 选择【滤镜】/【模糊】/【高斯模糊】命令，弹出"高斯模糊"对话框，设置半径为"1.5像素"，单击 确定 按钮，如图138-5所示。

步骤7 按步骤5和步骤6的方法，设置黄色通道的输入色阶为"80、1.00、200"，高斯模糊半径为"1.5像素"，效果如图138-6所示。

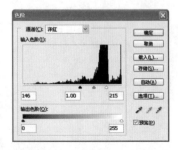
图138-4 "色阶"对话框

图138-5 "高斯模糊"对话框

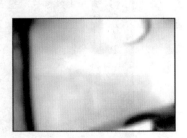
图138-6 设置后的效果

步骤8 将文件存储为"皮肤.psd"文件。

步骤9 选择"人物.jpg"图像文件的图层1，选择【滤镜】/【扭曲】/【置换】命令，弹出"置换"对话框，保持默认参数设置不变，单击 确定 按钮。

步骤10 弹出"选择一个置换图"对话框，选择存储的"皮肤.psd"文件，单击 打开(O) 按钮，如图138-7所示。

步骤11 设置图层1的混合模式为"正片叠底"，不透明度为70%，按【Ctrl+D】键取消选区，最终效果如图138-8所示。

图138-7　应用"置换"滤镜　　　　　图138-8　最终效果

第139例　抽丝效果

素　材：\素材\第7章\少女.jpg
源文件：\源文件\第7章\抽丝效果.psd

知识要点
★ 单列选框工具
★ 定义图案
★ 填充图案
★ 锐化

制作要领
★ 自定义新图案
★ 重复应用"锐化"滤镜

 **步骤讲解**

步骤1 打开"少女.jpg"图像文件，选择单列选框工具 ，在图像中单击得到如图139-1所示的选区。

步骤2 选择【编辑】/【定义图案】命令，在弹出的"图案名称"对话框中保持默认名称"图案1"不变，直接单击 确定 按钮，按【Ctrl+D】键取消选区。

步骤3 新建图层1，按【Shift+F5】键，弹出"填充"对话框，设置填充使用内容为

"图案"，在"自定图案"下拉列表框中选择刚才定义的"图案1"选项，单击 确定 按钮，如图139-2所示。

图139-1　绘制单列选区

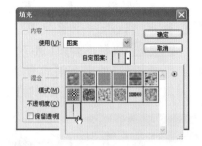

图139-2　选择定义的"图案1"选项

步骤4　设置图层1的混合模式为"变亮"。选择【滤镜】/【锐化】/【锐化】命令，然后连续按若干次【Ctrl+F】键重复应用"锐化"滤镜，如图139-3所示。

步骤5　选择橡皮擦工具 ，在属性栏中设置画笔类型为"柔角100像素"，流量为50%，擦除人物图像区域。

步骤6　选择直排文字工具 ，在属性栏中设置字体格式为"文鼎中特广告体、72点、白色"，输入文本"抽丝效果"，最终效果如图139-4所示。

图139-3　应用"锐化"滤镜

图139-4　最终效果

第140例　斑驳的脸

素　材：\素材\第7章\脸部合成
源文件：\源文件\第7章\斑驳的脸.psd

知 识 要 点	制 作 要 领
★调整图像	★图像的复制和翻转
★图层混合模式	★调整图像色彩
★添加蒙版	★调整图层混合模式
★擦除图像	

步骤讲解

步骤1　打开"脸部合成"素材文件夹中的"脸部.jpg"图像文件，复制生成背景副本图层。打开同一文件夹中的"裂纹.jpg"图像文件，将其复制到"脸部.jpg"图像文件窗口中，生成图层1，调整其位置，如图140-1所示。

步骤2　复制生成图层1副本，选择【编辑】/【变换】/【水平翻转】命令，调整其位置，如图140-2所示。按【Ctrl+E】键合并生成新的图层1。

图140-1　复制并调整图像

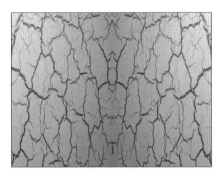

图140-2　复制并调整图像

步骤3　设置图层1的混合模式为"正片叠底"，不透明度为70%，如图140-3所示。

步骤4　按【Ctrl+L】键，弹出"色阶"对话框，设置输入色阶为"40、1、120"，单击　确定　按钮，如图140-4所示。

图140-3　调整图层混合模式和不透明度

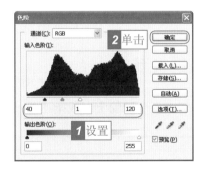

图140-4　"色阶"对话框

步骤5　单击"图层"控制面板下方的"添加图层蒙版"按钮，选择画笔工具，在眼珠和除了面部外的部分涂抹，擦除图层中的图像，如图140-5所示。

步骤6　按【Shift+Ctrl+Alt+E】键盖印可见图层为图层2。选择【图像】/【调整】/【色彩平衡】命令，弹出"色彩平衡"对话框，设置色阶为"40、-50、50"，单击　确定　按钮，如图140-6所示。

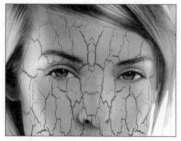

图140-5　擦除图像

图140-6　"色彩平衡"对话框

步骤7　选择【图像】/【调整】/【亮度/对比度】命令，弹出"亮度/对比度"对话框，设置亮度和对比度分别为"-50、100"，单击 确定 按钮，如图140-7所示。

步骤8　选择横排文字工具 **T**，在属性栏中设置字体格式为"文鼎霹雳体、36点、黄色"，输入文本"斑驳的脸"，最终效果如图140-8所示。

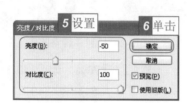

图140-7　"亮度/对比度"对话框

图140-8　最终效果

　过关练习

制作如下图所示的宝石戒指质感（光盘:\源文件\第7章\练习.psd）。

提示:

❖ 创建并填充椭圆和圆形选区。

❖ 应用"光照效果"滤镜。

❖ 对宝石和文字所在图层应用"斜面和浮雕"图层样式。

❖ 在指环图像中涂抹加深。

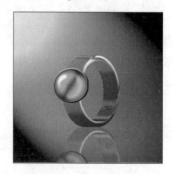

练习

第8章

制作艺术特效

多媒体教学演示：50分钟

看来Photoshop软件的功能还真是不少呀，做出的艺术特效美轮美奂。

魔法师：小魔女，我们前几章讲过的内容你都掌握了吗？

小魔女：是的，我都做过一遍了，但还是不能离开书单独操作。

魔法师：这很正常，你反复做几遍就可以记住基本操作步骤了。

小魔女：好的，我知道了。接下来又要学习什么呢？

魔法师：下面将主要讲解如何利用Photoshop制作图像的艺术特殊。

第141例 太阳图腾

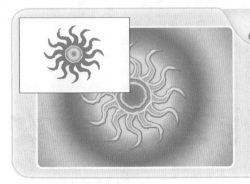

素　材：无
源文件：\源文件\第8章\太阳图腾.psd

知 识 要 点	制 作 要 领
★ 使用渐变工具	★ 设置"图层样式"
★ 设置图层样式	对话框

步骤讲解

步骤1 打开"太阳图腾.psd"图像文件，选择"背景"图层。

步骤2 在工具箱中选择渐变工具，在属性栏中的"设置填充区域源"下拉列表框中选择"橙色，黄色，橙色"选项。

步骤3 单击"径向渐变"按钮，其余选项保持默认设置不变，如图141-1所示。

图141-1　设置属性栏

步骤4 在图像中间位置单击鼠标，然后向右下方拖动鼠标，如图141-2所示。

步骤5 释放鼠标后形成的渐变效果如图141-3所示。

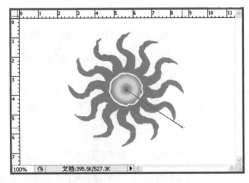

图141-2　拖动鼠标

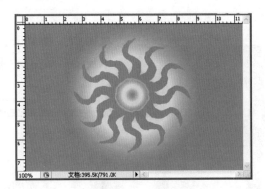

图141-3　渐变效果

步骤6 选择"图层1"，单击图层控制面板中的"添加图层样式"按钮 **fx.**，在弹出的下拉菜单中选择"混合选项"命令，在弹出的对话框中单击 **样式** 按钮。

步骤7 选择"Web样式"中的"黄色回环"样式 □，然后取消选中□投影 和□内阴影 复选框，接着选中☑**外发光**复选框，在其中的"等高线"下拉列表框中选择"锥形"选项 ◢，如图141-4所示。

步骤8 单击 **确定** 按钮，为"图层1"图层添加样式，最终效果如图141-5所示。

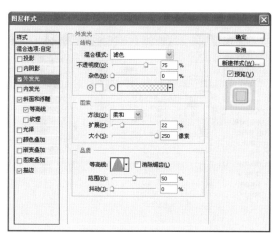

图141-4　设置图层样式

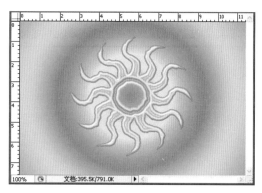

图141-5　最终效果

第142例　水 晶 月 亮

素　材：无
源文件：\源文件\第8章\水晶月亮.psd

知 识 要 点
★ 新建文件
★ 创建图层
★ 设置图层样式
★ 清除选区内的图像

制 作 要 领
★ 选择图层样式

步骤1 新建一个宽度为"450像素"，高度为"300像素"，分辨率为"100像素/英

寸"的图像文件。

步骤2　选择椭圆选框工具，然后按住【Shift】键不放，在窗口中拖动鼠标创建出正圆形选区，如图142-1所示。

步骤3　按【Ctrl+J】键根据创建的选区中的图像复制出图层1。

步骤4　单击"图层"控制面板中的"添加图层样式"按钮 fx，在弹出的下拉菜单中选择"混合选项"命令，在弹出的对话框中单击 样式 按钮。

步骤5　选择"Web样式"中的"带投影的绿色凝胶"样式，如图142-2所示，然后单击 确定 按钮。

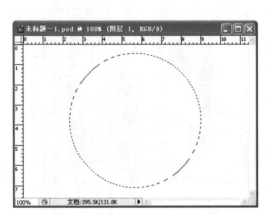

图142-1　创建正圆形选区

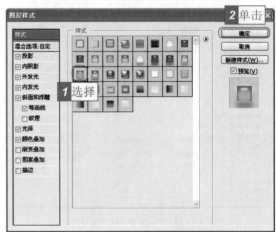

图142-2　设置图层样式

步骤6　选择椭圆选框工具，然后按住【Shift】键不放，在窗口中拖动鼠标创建出正圆形选区，如图142-3所示。

步骤7　按【Ctrl+X】键清除选区内的图像，最终效果如图142-4所示。

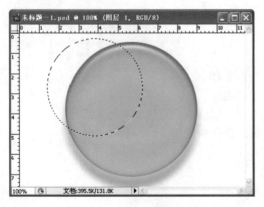

图142-3　创建正圆形选区

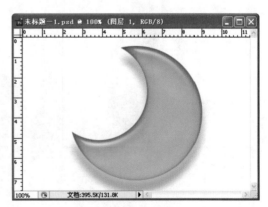

图142-4　最终效果

第143例 剪纸鸽子

素　材：\素材\第8章\剪纸.psd
源文件：\源文件\第8章\剪纸.psd

知 识 要 点	制 作 要 领
★ 自定形状工具	★ 选择具有连续边
★ 绘制鸽子	缘的自定形状
★ 设置图层样式	

步骤讲解

步骤1 打开"剪纸.psd"图像文件，将前景色设置为"白色"，选择图层1。

步骤2 在工具箱中选择自定形状工具 ，在属性栏的"形状"下拉列表框中选择"动物"中的"鸟2"选项 ，其余参数如图143-1所示。

形状： 　模式： 正常　　不透明度：100%　☑消除锯齿

图143-1　设置属性栏

步骤3 在图像窗口中拖动鼠标绘制两只鸽子，如图143-2所示。

步骤4 单击"图层"控制面板中的"添加图层样式"按钮 fx，在弹出的下拉菜单中选择"内阴影"命令，保持参数的默认设置不变，然后单击 确定 按钮，效果如图143-3所示。

图143-2　绘制鸽子

图143-3　最终效果

第144例 沙滩足迹

素　材：无
源文件：\源文件\第8章\足迹.psd

知识要点
★ 填充背景图层
★ 绘制脚印
★ 设置图层样式

制作要领
★ 选择适当的填充图案

 步骤讲解

步骤1 新建一个宽度为"450像素"，高度为"250像素"，分辨率为"100像素/英寸"的图像文件。

步骤2 在工具箱中选择油漆桶工具🪣，设置填充类型为"图案"，在"图案"拾色器中选择"岩石图案"中的"泥土"选项▨，然后在图像窗口中单击鼠标填充背景图层。

步骤3 新建图层1，在工具箱中选择自定形状工具☁，在属性栏的"形状"下拉列表框中选择"右脚"选项▶，其余参数设置为如图144-1所示。

☁ ▼ | ▢▢▢ | ◇ ◇ ╱ ⬡ ▢ ▢ ◯ ◯ ╲ ☁ ▼ | 形状: ▶ ▼ | 模式: 正常 　　　▼ | 不透明度: 100% ➤ | ☑ 消除锯齿

图144-1　设置属性栏

步骤4 在图像窗口中拖动鼠标绘制脚印，再将图层混合模式设置为"正片叠底"。

步骤5 单击"图层"控制面板下方的"添加图层样式"按钮🔳，在弹出的下拉菜单中选择"斜面和浮雕"命令，在弹出对话框的"方向"栏中选中◉下单选按钮，然后单击 确定 按钮，如图144-2所示。

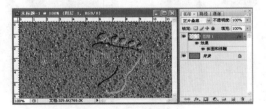

图144-2　最终效果

第145例　粉　笔　画

素　材：\素材\第8章\粉笔画.psd
源文件：\源文件\第8章\粉笔画.psd

知 识 要 点	制 作 要 领
★ 使用"查找边缘"滤镜	★ 使用"查找边
★ 去色	缘"滤镜
★ 反相	
★ 使用"扩散"滤镜	

 步 骤 讲 解

步骤1　打开"粉笔画.psd"图像文件。

步骤2　选择图层1，然后选择【滤镜】/【风格化】/【查找边缘】命令。

步骤3　选择【图像】/【调整】/【去色】命令。

步骤4　选择【图像】/【调整】/【反相】命令。

步骤5　选择【滤镜】/【风格化】/【扩散】命令，在弹出的"扩散"对话框中选中
　　　　◎ **变暗优先(D)** 单选按钮，单击 ▭ **确定** 按钮，如图145-1所示，图像的最终效
　　　　果如图145-2所示。

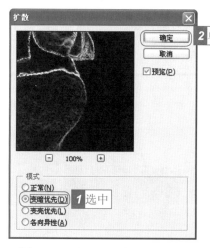

图145-1　设置"扩散"滤镜参数

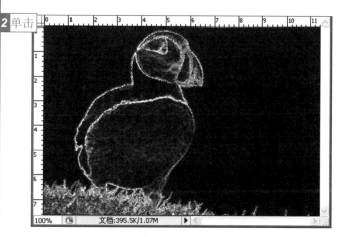

图145-2　最终效果

第146例　水墨风景

素　材：\素材\第8章\风景画.psd
源文件：\源文件\第8章\风景画.psd

知识要点
★ 使用"喷溅"
　滤镜
★ 去色

制作要领
★ 设置"喷溅"滤
　镜的参数

步骤讲解

步骤1　打开"风景画.psd"图像文件。

步骤2　选择【滤镜】/【画笔描边】/【喷溅】命令，弹出"喷溅"对话框。

步骤3　在"喷溅"对话框中按照如图146-1所示设置参数，然后单击 **确定** 按钮
　　　　为图像添加喷溅效果。

图146-1　设置"喷溅"滤镜参数

步骤4 选择【图像】/【调整】/【去色】命令，最终效果如图146-2所示。

水墨画效果的关键在于使画面产生流动的感觉，并且要有大面积的空白。

图146-2 最终效果

第147例 镜头光晕

素　材：\素材\第8章\水果.psd
源文件：\源文件\第8章\水果.psd

知识要点	制作要领
★ 应用"镜头光晕"滤镜	★ 调整滤镜的参数

 步骤讲解

步骤1 打开"水果.psd"图像文件。

步骤2 选择【滤镜】/【渲染】/【镜头光晕】命令，弹出"镜头光晕"对话框。

步骤3 选中◉105毫米聚焦(L)单选按钮，通过在"光晕中心"栏中拖动鼠标将镜头光晕拖动到苹果下方的露珠上，然后将"亮度"设置为100%，单击 确定 按钮，如图147-1所示。

步骤4 再次选择【滤镜】/【渲染】/【镜头光晕】命令，弹出"镜头光晕"对话框。

步骤5 选中◉105毫米聚焦(L)单选按钮，通过在"光晕中心"栏中拖动鼠标将镜头光

晕拖动到苹果左侧的露珠上，然后将"亮度"设置为70%，单击 确定 按钮，如图147-2所示。

图147-1 设置"镜头光晕"滤镜参数

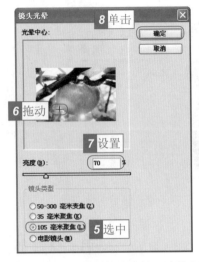

图147-2 再次设置"镜头光晕"滤镜参数

步骤6 再次选择【滤镜】/【渲染】/【镜头光晕】命令，弹出"镜头光晕"对话框。

步骤7 选中 电影镜头(M) 单选按钮，通过在"光晕中心"栏中拖动鼠标将镜头光晕拖动到苹果上方的反光点上，然后将"亮度"设置为150%，如图147-3所示。

步骤8 单击 确定 按钮，最终效果如图147-4所示。

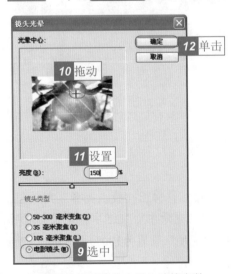

图147-3 继续设置"镜头光晕"滤镜参数

图147-4 最终效果

一学就会魔法书

第148例　制造漩涡

素　材：\素材\第8章\海浪.psd
源文件：\源文件\第8章\海浪.psd

知 识 要 点　　　　制 作 要 领

★ 创建选区　　　　★ 设置滤镜参数
★ 应用"旋转扭曲"滤镜
★ 取消选区

步骤讲解

步骤1　打开"海浪.psd"图像文件。

步骤2　选择椭圆选框工具 ◯，然后将属性栏设置为如图148-1所示。

| ◯ ▾ | ▢▢▢▢ | 羽化：15 px | ☑消除锯齿 | 样式：正常 ▾ | 宽度： | ⇄ 高度： | 调整边缘… |

图148-1　设置属性栏

步骤3　在图像窗口中拖动鼠标创建椭圆形选区，如图148-2所示。

步骤4　选择【滤镜】/【扭曲】/【旋转扭曲】命令，弹出"旋转扭曲"对话框。

步骤5　在"旋转扭曲"对话框中按如图148-3所示设置参数。

图148-2　创建选区

图148-3　设置"旋转扭曲"滤镜参数

步骤6 单击 确定 按钮，然后按【Ctrl+D】键取消选区，最终效果如图148-4 所示。

经过上述操作，可以使平静的海面显示出旋转扭曲的漩涡。

图148-4 最终效果

第149例 琥珀世界

素 材：\素材\第8章\小船.psd
源文件：\源文件\第8章\小船.psd

知 识 要 点	制 作 要 领
★ 复制图层	★ 设置图层样式的
★ 设置图层样式	参数
★ 创建选区	
★ 反选选区	

 步骤讲解

步骤1 打开"小船.psd"图像文件。

步骤2 选择背景图层1，然后按【Ctrl+J】键，根据背景图层的图像复制生成图层1。

步骤3 单击"图层"控制面板中的"添加图层样式"按钮 *fx* ，在弹出的下拉菜单中选择"混合选项"命令，然后在弹出的对话框中单击 样式 按钮，"图层样式"对话框中将显示出"样式"栏。

 一学就会魔法书

步骤4 在"样式"栏中选择"Web样式"中的"黄色胶体"选项，然后在对话框左侧列表框中取消选中□颜色叠加复选框，单击[确定]按钮，如图149-1所示。

步骤5 选择椭圆选框工具，然后在图像窗口中拖动鼠标创建椭圆形选区，如图149-2所示。

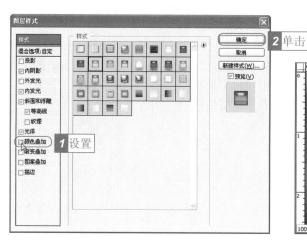

图149-1 设置图层样式

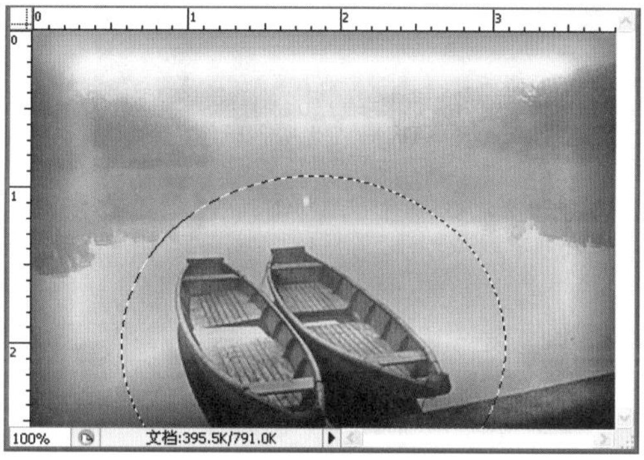

图149-2 创建选区

步骤6 选择【选择】/【反向】命令，在图像中反选选区，如图149-3所示。

步骤7 按【Ctrl+X】键清除新选区内的图像，最终效果如图149-4所示。

图149-3 反选选区

图149-4 最终效果

🖋 魔法档案
　　由于在步骤3和步骤4的操作中设置的图层样式是半透明的效果，因此可以显示出下方图层中的图像。

第150例 梦幻蝴蝶

素　材：\素材\第8章\花丛.psd
源文件：\源文件\第8章\花丛.psd

知 识 要 点	制 作 要 领
★新建图层	★选择画面偏暗的
★创建自定形状	素材图像
★设置图层样式	

步骤讲解

步骤1　打开"花丛.psd"图像文件。

步骤2　单击"图层"控制面板中的"创建新图层"按钮 🔲，新建图层1。

步骤3　选择图层1，在工具箱中选择自定形状工具 ✍，在属性栏中的"形状"下拉列表框中选择"自然"中的"蝴蝶"选项 ▓，其余参数设置为如图150-1所示。

🔲 · ▣▣▣ 〆 🖉 🔲 ▭ ◯ ◯ ◯ ＼ 🖉 · 形状: ▓ ▼ 模式: 正常 ▼ 不透明度: 100% ▶ ☑消除锯齿

图150-1　设置属性栏

步骤4　将前景色设置为"白色"，在图像窗口中拖动鼠标绘制蝴蝶，如图150-2所示。

图150-2　绘制蝴蝶

在这个实例中蝴蝶的颜色和源文件关系不大，有兴趣的读者可以尝试其他的颜色。

步骤5 单击"图层"控制面板中的"添加图层样式"按钮 **fx.**，在弹出的下拉菜单中选择"混合选项"命令，接着在弹出的"图层样式"对话框中单击 样式 按钮，对话框右侧将显示出"样式"栏。

步骤6 在"样式"栏中选择"文字效果2"中的"白色幻影外部发光"选项 ■，然后单击 确定 按钮，如图150-3所示。

步骤7 在"图层"控制面板中将"填充"设置为50%，图像的最终效果如图150-4所示。

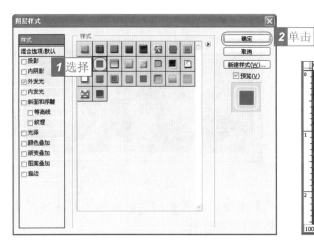

图150-3 设置图层样式

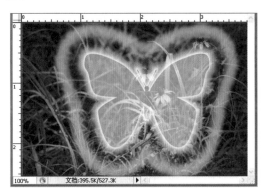

图150-4 最终效果

第151例 万 花 筒

素 材：\素材\第8章\建筑.psd
源文件：\源文件\第8章\建筑.psd

知 识 要 点	制 作 要 领
★ 使用"波浪"滤镜	★ 选择直线条的素材图像
★ 使用"极坐标"滤镜	

 **步骤讲解**

步骤1 打开"建筑.psd"图像文件。

步骤2 选择【滤镜】/【扭曲】/【波浪】命令，在弹出的"波浪"对话框中将参数设置为如图151-1所示。

步骤3 单击 确定 按钮，效果如图151-2所示。

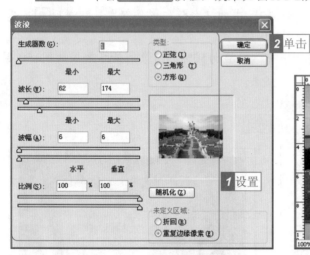

图151-1 设置"波浪"滤镜参数

图151-2 应用"波浪"滤镜后的效果

步骤4 选择【滤镜】/【扭曲】/【极坐标】命令，在弹出的"极坐标"对话框中选中 ⊙平面坐标到极坐标(R) 单选按钮，如图151-3所示。

步骤5 单击 确定 按钮，最终效果如图151-4所示。

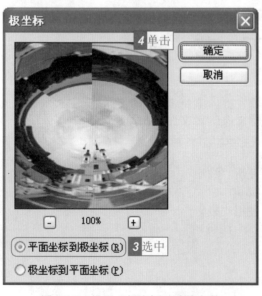

图151-3 设置"极坐标"滤镜参数

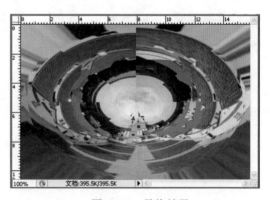

图151-4 最终效果

一学就会魔法书

第152例　四颗图钉

素　材：\素材\第8章\盆栽.psd
源文件：\源文件\第8章\盆栽.psd

知识要点	制作要领
★ 新建图层 ★ 绘制圆形 ★ 设置图层样式	★ 设置图层样式的 　参数

步骤讲解

步骤1　打开"盆栽.psd"图像文件。

步骤2　单击"图层"控制面板中的"创建新图层"按钮，在背景图层上方新建图层1。

步骤3　选择图层1，在工具箱中选择椭圆工具，将属性栏设置为如图152-1所示。

○ ▾ 　口 □□ □　◊ ◊ ▾ □ □ □ ○ ○ ＼ ☆ ▾　模式：正常　✓　不透明度：100%　▶ ☑消除锯齿

图152-1　设置属性栏

步骤4　将前景色设置为"白色"，然后在图像窗口中的画框边角处拖动鼠标，绘制4个圆形，如图152-2所示。

魔法档案

用户选择椭圆工具 ○ 之后，按住【Shift】键不放，同时拖动鼠标进行绘制，可直接绘制出正圆形。

步骤5　单击"图层"控制面板下方的"添加图层样式"按钮 ƒx，在弹出的下拉菜单中选择"混合选项"命令，在弹出的"图层样式"对话框中单击 样式 按钮，使其中显示出"样式"栏。

步骤6　在"样式"栏中选择"按钮"中的"清晰浮雕"选项，如图152-3所示。

图152-2　绘制圆形　　　　　　　　　　　　　　　　图152-3　设置图层样式

步骤7　在"图层样式"对话框中选中 ☑投影 复选框，在右侧打开的"投影"栏中
将距离设置为"1像素"，如图152-4所示。

步骤8　单击 确定 按钮，最终效果如图152-5所示。

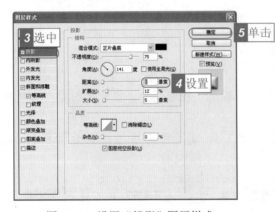

图152-4　设置"投影"图层样式　　　　　　　　　　图152-5　最终效果

第153例　绘 制 花 朵

素　材：\素材\第8章\花朵.psd
源文件：\源文件\第8章\花朵.psd

知识要点　　　　　　　　**制作要领**

★新建图层　　　　　　★变形图像
★绘制花朵
★设置图层样式
★调整图像

 步骤讲解

步骤1 打开"花朵.psd"图像文件。

步骤2 单击"图层"控制面板中的"创建新图层"按钮 ，新建图层1。

步骤3 选择图层1，在工具箱中选择自定形状工具 ，在属性栏中的"形状"下拉列表框中选择"自然"中的"花4"选项 ，其余参数设置为如图153-1所示。

图153-1　设置属性栏

步骤4 将前景色设置为"白色"，在图像窗口中拖动鼠标绘制花朵，如图153-2所示。

步骤5 单击"图层"控制面板中的"添加图层样式"按钮 ，在弹出的下拉菜单中选择"混合选项"命令，接着在弹出的"图层样式"右侧单击 样式 按钮，使对话框中显示出"样式"栏。

步骤6 在"样式"栏中选择"Web样式"中的"红色胶体"选项 ，然后单击 确定 按钮，如图153-3所示。

图153-2　绘制花朵

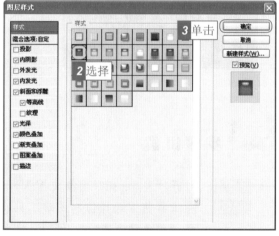

图153-3　设置图层样式

步骤7 选择【编辑】/【变换】/【透视】命令，花朵的周围将自动显示出控制框；将鼠标光标移动到右侧的控制框上，拖动鼠标使花朵的形状更加自然，如图153-4所示。

步骤8 按【Enter】键，最终效果如图153-5所示。

图153-4　变形花朵

图153-5　最终效果

第154例　克隆驼鹿

素　材：\素材\第8章\驼鹿.psd
源文件：\源文件\第8章\驼鹿.psd

知 识 要 点　　　　制 作 要 领
★ 使用仿制图章工具　★ 修饰克隆图像
★ 修饰图像

步 骤 讲 解

步骤1　打开"驼鹿.psd"图像文件。

步骤2　在工具箱中选择仿制图章工具，在属性栏中的"画笔"下拉列表框中选择"柔角45像素"选项，其余参数设置为如图154-1所示。

画笔：45　模式：正常　不透明度：100%　流量：100%　☑对齐　样本：当前图层

图154-1　设置属性栏

步骤3　按住【Alt】键不放，在图像窗口中的驼鹿头部单击定义仿制图章，然后向右侧拖动鼠标仿制驼鹿的图像，如图154-2所示。

步骤4　完成克隆驼鹿图像的操作后，按住【Alt】键不放，在图像窗口右下角的湖水处单击定义仿制图章，然后在克隆的驼鹿头部下方拖动鼠标覆盖水草和浪

花，如图154-2所示，最终效果如图154-3所示。

图154-2 开始克隆图像

图154-3 最终效果

第155例 磨砂画框

素 材：\素材\第8章\花.psd
源文件：\源文件\第8章\花.psd

知识要点	制作要领
★ 创建选区 ★ 反选选区 ★ 复制图层 ★ 设置图层样式	★ 设置图层样式的 参数

步骤讲解

步骤1 打开"花.psd"图像文件。

步骤2 选择矩形选框工具，在图像窗口中拖动鼠标创建出长方形选区，如图155-1所示。

步骤3 选择【选择】/【反向】命令，在图像中反选选区，如图155-2所示。

图155-1　创建选区　　　　　　　　　　　　　图155-2　反选选区

步骤4　选择背景图层，然后按【Ctrl+J】键复制出图层1。

步骤5　单击"图层"控制面板中的"添加图层样式"按钮 *fx*，在弹出的下拉菜单中选择"图案叠加"命令，弹出"图层样式"对话框。

步骤6　在"图案"下拉列表框中选择"石头"选项▨，将不透明度设置为50%，如图155-3所示。

步骤7　单击 **确定** 按钮关闭对话框，最终效果如图155-4所示。

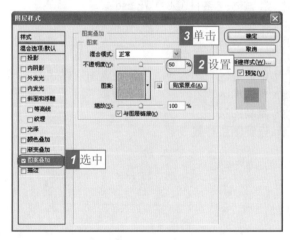

图155-3　设置图层样式　　　　　　　　　　　图155-4　最终效果

魔法档案

　　在"混合模式"下拉列表框中用户可以选择添加的图层样式与原图层中图像的混合模式，"缩放"数值框用于设置图案大小的百分比。

第156例 水晶拼图画框

素　材：\素材\第8章\拼图效果.psd
源文件：\源文件\第8章\拼图效果.psd

知识要点 | 制作要领
★ 使用自定形状工具 | ★ 选择自定形状
★ 将路径转换为选区
★ 新建图层
★ 设置图层样式

步骤讲解

步骤1 打开"拼图效果.psd"图像文件。

步骤2 选择"背景"图层，在工具箱中选择自定形状工具，在其属性栏中的"形状"下拉列表框中选择"全部"中的"拼图3"选项，其余参数设置为如图156-1所示。

图156-1 设置属性栏

步骤3 在图像窗口中拖动鼠标绘制出拼图形状的路径，单击"路径"控制面板中的"将路径作为选区载入"按钮，将路径转换为选区，如图156-2所示。

步骤4 选择【选择】/【反向】命令，在图像中反选选区，如图156-3所示。

图156-2 创建选区

图156-3 反选选区

步骤**5**　选择"背景"图层，按【Ctrl+J】键复制出图层1。

步骤**6**　单击"图层"控制面板中的"添加图层样式"按钮 _fx_，在弹出的下拉菜单中选择"混合选项"命令，接着在弹出的对话框中单击 样式 按钮。

步骤**7**　在"样式"栏中选择"Web样式"中的"蓝色胶体"选项 ，如图156-4所示。

步骤**8**　单击 确定 按钮关闭对话框，最终效果如图156-5所示。

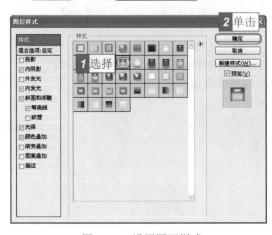

图156-4　设置图层样式

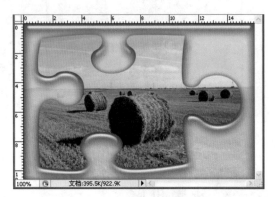

图156-5　最终效果

第*157*例　滤色云彩画框

素　材：\素材\第8章\云彩画框.psd
源文件：\源文件\第8章\云彩画框.psd

知 识 要 点	制 作 要 领
★ 使用自定形状工具	★ 选择自定形状
★ 将路径转换为选区	
★ 新建图层	
★ 设置图层样式	

　步骤讲解

步骤**1**　打开"云彩画框.psd"图像文件。

步骤**2**　在工具箱中选择自定形状工具 ，在属性栏的"形状"下拉列表框中选择

"全部"中的"思考2"选项 ，其余参数设置为如图157-1所示。

图157-1　设置属性栏

步骤3 在图像窗口中拖动鼠标光标绘制出云彩形状的路径，单击"路径"控制面板中的"将路径作为选区载入"按钮 ，将路径转换为选区，如图157-2所示。

步骤4 选择【选择】/【反向】命令，在图像中反选选区，如图157-3所示。

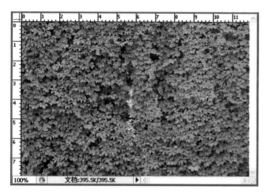

图157-2　创建选区　　　　　　　　　　　　　　图157-3　反选选区

步骤5 选择背景图层，然后按【Ctrl+J】键复制出图层1。

步骤6 单击"图层"控制面板中的"添加图层样式"按钮 *fx*，在弹出的下拉菜单中选择"混合选项"命令，接着在弹出的对话框中单击 样式 按钮。

步骤7 在"样式"栏中选择"图像效果"中的"蓝色滤镜"选项 ，如图157-4所示。

步骤8 单击 确定 按钮，返回到编辑窗口中，即可查看图像的最终效果，如图157-5所示。

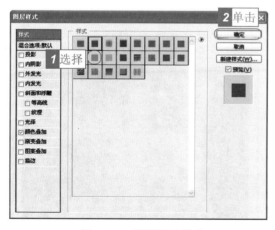

图157-4　设置图层样式

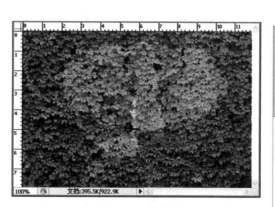

图157-5　最终效果

第158例　梅花壁纸画框

素　材：\素材\第8章\梅花画框.psd
源文件：\源文件\第8章\梅花画框.psd

知识要点
★ 使用自定形状工具
★ 将路径转换为选区
★ 新建图层
★ 设置图层样式

制作要领
★ 选择自定形状

步骤讲解

步骤1　打开"梅花画框.psd"图像文件。

步骤2　在工具箱中选择自定形状工具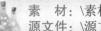，在属性栏的"形状"下拉列表框中选择"全部"中的"梅花"选项，其余参数设置为如图158-1所示。

图158-1　设置属性栏

步骤3　在图像窗口中拖动鼠标绘制出梅花形状的路径，单击"路径"控制面板中的"将路径作为选区载入"按钮○，将路径转换为选区，如图158-2所示。

步骤4　选择【选择】/【反向】命令，在图像中反选选区，如图158-3所示。

图158-2　创建选区

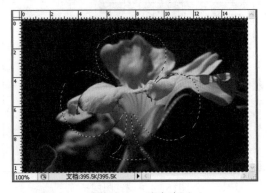

图158-3　反选选区

一学就会魔法书

步骤5　选择背景图层，按【Ctrl+J】键复制出图层1。

步骤6　单击"图层"控制面板中的"添加图层样式"按钮 **fx**，在弹出的下拉菜单中选择"混合选项"命令，接着在弹出的对话框中单击 **样式** 按钮。

步骤7　在"样式"栏中选择"文字效果"中的"木质"选项■，如图158-4所示。

步骤8　单击 **确定** 按钮，返回到编辑窗口中，即可查看图像的最终效果，如图158-5所示。

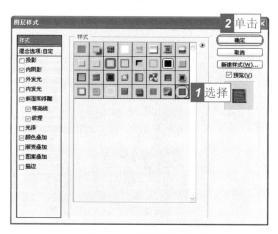

图158-4　设置图层样式

图158-5　最终效果

第159例　花形画框

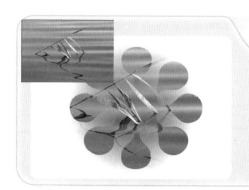

素　材：\素材\第8章\花形画框.psd
源文件：\源文件\第8章\花形画框.psd

知 识 要 点	制 作 要 领
★ 使用自定形状工具	★ 选择自定形状
★ 将路径转换为选区	
★ 新建图层	
★ 设置图层样式	

步骤1　打开"花形画框.psd"图像文件。

步骤2　在工具箱中选择自定形状工具 ，在属性栏的"形状"下拉列表框中选择"全

部"中的"花形饰件4"选项 ✿，其余参数设置为如图159-1所示。

图159-1　设置属性栏

步骤3 在图像窗口中拖动鼠标绘制出花朵形状的路径，单击"路径"控制面板中的"将路径作为选区载入"按钮 ⟳ ，将路径转换为选区，如图159-2所示。

步骤4 选择【选择】/【反向】命令，在图像中反选选区，如图159-3所示。

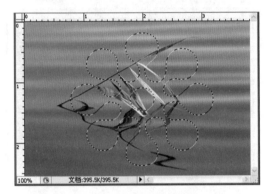

图159-2　创建选区　　　　　　　　图159-3　反选选区

步骤5 选择背景图层，按【Ctrl+J】键复制出图层1。

步骤6 单击"图层"控制面板中的"添加图层样式"按钮 *fx*，在弹出的下拉菜单中选择"混合选项"命令，接着在弹出的对话框中单击 样式 按钮。

步骤7 在"样式"栏中选择"图像效果"中的"圆形装饰"选项 ■，如图159-4所示。

步骤8 单击 确定 按钮，返回到编辑窗口中，即可查看图像的最终效果，如图159-5所示。

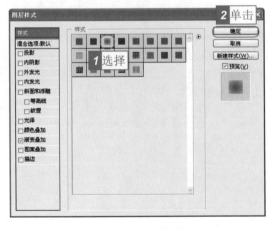

图159-4　设置图层样式

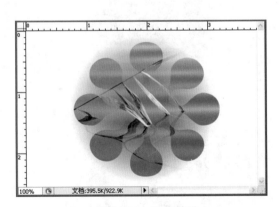

图159-5　最终效果

第160例 变色蝴蝶画框

素　材：\素材\第8章\蝴蝶画框.psd
源文件：\源文件\第8章\蝴蝶画框.psd

知 识 要 点	制 作 要 领
★ 使用自定形状工具	★ 选择自定形状
★ 将路径转换为选区	
★ 新建图层	
★ 设置图层样式	

 步骤讲解

步骤1 打开"蝴蝶画框.psd"图像文件。

步骤2 在工具箱中选择自定形状工具，在属性栏的"形状"下拉列表框中选择"全部"中的"蝴蝶"选项，其余参数设置为如图160-1所示。

图160-1 设置属性栏

步骤3 在图像窗口中拖动鼠标绘制出蝴蝶形状的路径，单击"路径"控制面板中的"将路径作为选区载入"按钮，将路径转换为选区，如图160-2所示。

步骤4 选择【选择】/【反向】命令，在图像中反选选区，如图160-3所示。

图160-2 创建选区

图160-3 反选选区

步骤5 选择背景图层，按【Ctrl+J】键复制出图层1。

步骤6 单击"图层"控制面板中的"添加图层样式"按钮 *fx.*，在弹出的下拉菜单中选择"混合选项"命令，接着在弹出的对话框中单击 样式 按钮。

步骤7 在"样式"栏中选择"纹理"中的"抽象火焰"选项 ▣，如图160-4所示。

步骤8 单击 确定 按钮，返回到编辑窗口中，即可查看图像的最终效果，如图160-5所示。

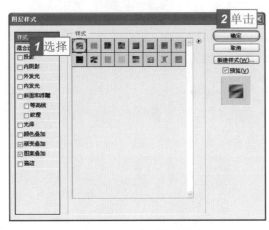

图160-4 设置图层样式

图160-5 最终效果

 过关练习

根据素材（光盘:\素材\第8章\练习.psd）制作如下图所示的图像效果（光盘:\源文件\第8章\练习.psd）。

提示：

❖ 打开素材图片。

❖ 选择自定形状工具 ▣，在其属性栏中的"形状"下拉列表框中选择"全部"中的"花4"选项 ▣，然后在图像窗口中绘制出蝴蝶形状的路径。

❖ 将路径转换为选区，然后反选选区。

❖ 新建图层，然后为图层添加图层样式"文字效果2"中的"白色幻影外部发光" ▣。

练习

第9章

数码照片处理

 多媒体教学演示：35分钟

借助Photoshop CS3
的强大功能，用户
可以对数码照片进
行各种特效处理。

小魔女：魔法师，我照的这些数码照片的效果不是很理想，
　　　　有没有办法修饰一下呢？

魔法师：你可以利用Photoshop CS3对它们进行处理，例如
　　　　去除红眼、更换背景、将模糊照片变清晰、修复偏
　　　　色等。

小魔女：是吗？Photoshop还有这些功能啊！我一定要好好
　　　　学习Photoshop，做出更多漂亮的效果。魔法师，
　　　　您教教我处理数码照片吧！

魔法师：好的。

第*161*例 去除红眼

素　材：\素材\第9章\红眼.jpg
源文件：\源文件\第9章\去除红眼.jpg

知识要点	制作要领
★ 红眼工具	★ 设置瞳孔大小和变暗量

步骤讲解

步骤1 打开如图161-1所示的"红眼.jpg"图像文件，选择红眼工具 ，在属性栏中设置瞳孔大小和变暗量分别为"50%、10%"。

步骤2 分别单击人物双眼，Photoshop CS3即可自动去除红眼，效果如图161-2所示。

图161-1　打开图像文件

图161-2　去除红眼

原来给照片去除红眼的方法这么简单啊！

虽然简单，但在日常数码照片的处理中却是很实用的哟！

第162例 美白牙齿

素　材：\素材\第9章\美白牙齿.jpg
源文件：\源文件\第9章\美白牙齿.jpg

<table>
<tr><td>知 识 要 点</td><td>制 作 要 领</td></tr>
</table>

⭐ 创建并羽化选区　　⭐ 使用多边形套索工
⭐ 去色　　　　　　　　具创建牙齿选区
⭐ 调整曲线　　　　⭐ 调整曲线

 步骤讲解

步骤1 打开"美白牙齿.jpg"图像文件，选择多边形套索工具 ，创建牙齿选区，
并设置其羽化半径为"1像素"，如图162-1所示。

步骤2 按【Shift+Ctrl+U】键去色。选择【图像】/【调整】/【曲线】命令，在弹出
的"曲线"对话框中调整曲线形状，单击 **确定** 按钮，如图162-2所示。

步骤3 返回图像文件窗口，最终效果如图162-3所示。

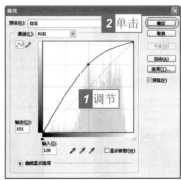

图162-1　创建并羽化选区　　　　图162-2　"曲线"对话框　　　　图162-3　最终效果

魔力测试

　　除了"曲线"命令以外，还可以通过"色阶"、"亮度/对比度"以及"色相/饱和度"
等命令，达到美白牙齿的效果，用户可分别进行尝试。

第163例 修饰眉毛

素　材：\素材\第9章\修饰眉毛.jpg
源文件：\源文件\第9章\修饰眉毛.jpg

知识要点	制作要领
★ 图层样式	★ 水滴样式的制作
★ 新建样式命令	★ 图层样式的处理
★ 晶格化命令	
★ 色阶命令	

 步骤讲解

步骤1 打开如图163-1所示的"修饰眉毛.jpg"图像文件，选择画笔工具 ✎，在属性栏中设置画笔类型为"干边深描油彩笔5像素"，流量为50%。

步骤2 将图像放大，绘制出眉毛轮廓。在绘制的过程中，注意随时调整前景色和画笔大小。

步骤3 绘制完毕后，选择橡皮擦工具 ✐ 对瑕疵部分进行擦除，最终效果如图163-2所示。

图163-1　打开图像文件

图163-2　最终效果

 魔法档案
　　在绘制过程中，可先绘制一条轮廓线，然后在此基础上进行添加。制作本例的关键在于"慢工出细活"。

第164例 祛除雀斑

素　　材：\素材\第9章\雀斑少年.jpg
源文件：\源文件\第9章\祛除雀斑.jpg

知 识 要 点	制 作 要 领
★ 创建并羽化选区 ★ 表面模糊	★ 使用多边形套索工具创建眼部和嘴部选区

步骤讲解

步骤1 打开"雀斑少年.jpg"图像文件，使用快速选择工具创建脸部和颈部皮肤选区。选择多边形套索工具，在属性栏中单击"从选区减去"按钮，创建眼部和嘴部选区，并设置其羽化半径为"10像素"，如图164-1所示。

步骤2 选择【滤镜】/【模糊】/【表面模糊】命令，弹出"表面模糊"对话框，设置半径为"5像素"，阈值为"15色阶"，单击 确定 按钮，如图164-2所示。

步骤3 返回图像文件窗口，按【Ctrl+D】键取消选区，最终效果如图164-3所示。

图164-1 创建并羽化选区

图164-2 "表面模糊"对话框

图164-3 最终效果

第165例 晶莹唇彩

素　材：\素材\第9章\女孩.jpg
源文件：\源文件\第9章\晶莹唇彩.psd

知识要点	制作要领
★ 添加杂色	★ 创建并羽化选区
★ 创建并羽化选区	★ 调整唇彩的色相
★ 添加图层蒙版	和饱和度
★ 色相/饱和度	

 步骤讲解

步骤1 打开如图165-1所示的"女孩.jpg"图像文件，新建图层1并填充其为"灰色（767474）"。

步骤2 选择【滤镜】/【杂色】/【添加杂色】命令，弹出"添加杂色"对话框，设置数量为5%，选中 ⊙ 平均分布(U)单选按钮，单击 确定 按钮，如图165-2所示。

步骤3 按【Ctrl+L】键，弹出"色阶"对话框，设置输入色阶为"100、1、210"，单击 确定 按钮，如图165-3所示。

  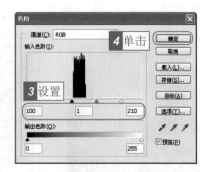

图165-1　打开图像文件　图165-2　"添加杂色"对话框　图165-3　"色阶"对话框

步骤4 设置图层1的混合模式为"线性减淡（添加）"，隐藏图层1。

步骤5 选择背景图层，选择多边形套索工具，在属性栏中单击"从选区减去"按钮，创建嘴唇选区，并设置其羽化半径为"2像素"，如图165-4所示。

步骤6 重新显示并选择图层1。单击"图层"控制面板下方的"添加矢量蒙版"按

钮，添加图层蒙版，如图165-5所示。

图165-4　创建并羽化选区　　　　　图165-5　添加图层蒙版

步骤7 单击图层1缩略图，选择【图像】/【调整】/【色相/饱和度】命令，弹出"色相/饱和度"对话框，设置色相、饱和度和明度分别为"-100、90、0"，单击 确定 按钮，如图165-6所示。

步骤8 返回图像文件窗口，最终效果如图165-7所示。

图165-6　"色相/饱和度"对话框　　　　　图165-7　最终效果

第166例　添加胡须

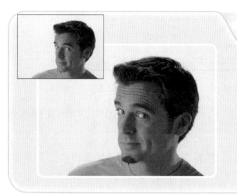

素　材：\素材\第9章\男士.jpg
源文件：\源文件\第9章\添加胡须.psd

知 识 要 点
★ 画笔工具
★ 添加杂色
★ 径向模糊
★ 调整图层
★ 橡皮擦工具

制 作 要 领
★ 胡须的制作
★ 调整图层混合模式
和不透明度

 步骤讲解

步骤1　打开如图166-1所示的"男士.jpg"图像文件，新建图层1。

步骤2　选择画笔工具，在属性栏中设置画笔类型为"尖角13像素"，在需要添加胡须的位置进行涂抹，如图166-2所示。

图166-1　打开图像文件

图166-2　进行涂抹

步骤3　选择【滤镜】/【杂色】/【添加杂色】命令，弹出"添加杂色"对话框，设置数量为50%，选中平均分布(U)单选按钮，单击　确定　按钮，如图166-3所示。

步骤4　选择【滤镜】/【模糊】/【径向模糊】命令，弹出"径向模糊"对话框，设置数量为5，选中缩放(Z)和最好(B)单选按钮，单击　确定　按钮，如图166-4所示。

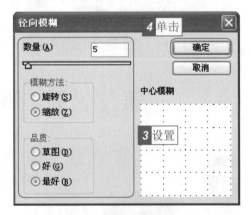

图166-3　"添加杂色"对话框　　　　图166-4　"径向模糊"对话框

步骤5　设置图层1的混合模式为"正片叠底"，不透明度为60%，如图166-5所示。

步骤6　选择橡皮擦工具，在属性栏中设置画笔类型为"柔角13像素"，不透明度为60%，在胡须边缘涂抹、擦除，使添加的胡须更加真实，最终效果如图166-6所示。

一学就会魔法书

图166-5 调整图层混合模式和不透明度   图166-6 最终效果

第*167*例 直发变卷发

素　材：\素材\第9章\直发.jpg
源文件：\源文件\第9章\直发变卷发.psd

知 识 要 点	制 作 要 领
★ 创建并羽化选区	★ 创建头发选区
★ 波纹	★ 应用"波纹"滤镜
★ 复制图层	
★ 曲线	
★ 擦除图像	

步骤讲解

步骤1 打开"直发.jpg"图像文件，使用快速选择工具 ✎ 创建头发选区，并设置其羽化半径为"1像素"，如图167-1所示。按【Ctrl+J】键复制生成图层1。

步骤2 选择【滤镜】/【扭曲】/【波纹】命令，弹出"波纹"对话框，设置大小为"中"，数量为150%，单击 ▢确定▢ 按钮，如图167-2所示。

步骤3 按3次【Ctrl+J】键，复制生成3个图层1副本，分别调整其位置，使头发看起来更加浓密，合并图层1~图层1副本3，如图167-3所示。

步骤4 选择【图像】/【调整】/【曲线】命令，弹出"曲线"对话框，调整曲线形状，单击 ▢确定▢ 按钮，如图167-4所示。

步骤5 选择橡皮擦工具 ✐，在属性栏中设置画笔类型为"柔角13像素"，不透明度为100%，擦除多余的头发图像，最终效果如图167-5所示。

图167-1　创建并羽化选区

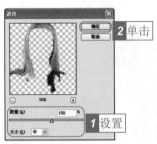

图167-2　"波纹"对话框

图167-3　复制、调整并合并图层

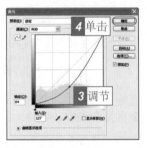

图167-4　"曲线"对话框

图167-5　最终效果

魔力测试

还可以使用涂抹工具制作本例效果，读者可自行尝试一下。

第168例　去除污点

素　材：\素材\第9章\妆容.jpg
源文件：\源文件\第9章\去除污点.psd

知识要点
★修复画笔工具

制作要领
★单击取样
★涂抹修复污点

步骤讲解

步骤1　打开"妆容.jpg"图像文件，选择修复画笔工具，在属性栏中选中⊙**取样**单选按钮，按住【Alt】键，在右眼下方皮肤单击取样，如图168-1所示。

步骤2　在眼角污点处涂抹，去除污点，最终效果如图168-2所示。

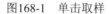

图168-1　单击取样

图168-2　最终效果

第169例　改头换面

素　材：\素材\第9章\改头换面
源文件：\源文件\第9章\改头换面.psd

知 识 要 点
★ 创建并羽化选区
★ 复制并调整图像
★ 色相/饱和度
★ 亮度/对比度

制 作 要 领
★ 使用快速选择工具
　 创建面部选区
★ 通过调整色彩，使
　 换脸后的肤色与原
　 图像肤色匹配

 步 骤 讲 解

步骤1　打开"改头换面"素材文件夹中的"人物1.jpg"和"人物2.jpg"图像文件。在"人物1.jpg"图像文件窗口中使用快速选择工具 创建面部选区，并设置其羽化半径为"2像素"，如图169-1所示。

步骤2　将其拖动复制至"人物2.jpg"图像文件窗口中，生成图层1，调整其大小和位置，如图169-2所示。

步骤3　隐藏图层1，选择背景图层，使用快速选择工具 创建面部选区，并设置其羽化半径为"1像素"，如图169-3所示。

图169-1　创建并羽化选区　　　图169-2　复制并调整图像　　　　图169-3　创建并羽化选区

步骤4 选择并重新显示图层1，反选选区，按【Delete】键清除选区内容，然后取消选区，如图169-4所示。

步骤5 选择【图像】/【调整】/【色相/饱和度】命令，弹出"色相/饱和度"对话框，设置色相、饱和度和明度分别为"10、-50、0"，单击 确定 按钮，如图169-5所示。

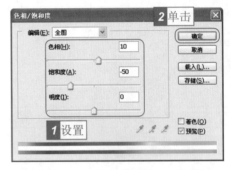

图169-4　反选选区并清除选区内容　　　　　图169-5　"色相/饱和度"对话框

步骤6 选择【图像】/【调整】/【亮度/对比度】命令，弹出"亮度/对比度"对话框，设置亮度和对比度分别为"-20、10"，单击 确定 按钮，如图169-6所示。

步骤7 返回图像文件窗口，最终效果如图169-7所示。

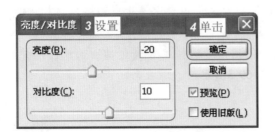

图169-6　"亮度/对比度"对话框　　　　　图169-7　最终效果

第170例　模糊变清晰

素　材：\素材\第9章\掷球.jpg
源文件：\源文件\第9章\模糊变清晰.psd

知识要点
★ 复制生成通道
★ 滤镜应用
★ 图层混合模式和
不透明度

制作要领
★ 涂抹不清晰的图像

步骤讲解

步骤1　打开"掷球.jpg"图像文件，复制生成背景副本图层。在"通道"控制面板中复制生成蓝副本通道。

步骤2　选择【滤镜】/【风格化】/【照亮边缘】命令，弹出"照亮边缘"对话框，设置边缘宽度、边缘亮度和平滑度分别为"1、20、1"，单击 确定 按钮，如图170-1所示。

步骤3　选择【滤镜】/【模糊】/【高斯模糊】命令，弹出"高斯模糊"对话框，设置半径为"1.5像素"，单击 确定 按钮，如图170-2所示。

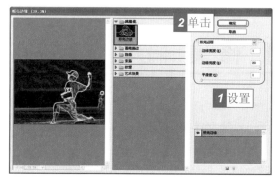

图170-1　"照亮边缘"对话框　　　　图170-2　"高斯模糊"对话框

步骤4　按【Ctrl+L】键弹出"色阶"对话框，设置输出色阶为"16、1.5、170"，单击 确定 按钮，如图170-3所示。

步骤5　选择画笔工具 ，在属性栏中设置画笔类型为"尖角100像素"，在图像中

涂抹不需要清晰的部分，如图170-4所示。

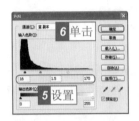

图170-3 "色阶"对话框

图170-4 涂抹不需要清晰的部分

步骤6 选择魔棒工具 ，在属性栏中选中☑连续复选框，单击图像背景中的黑色部分创建选区，按【Shift+Ctrl+I】键反选选区。

步骤7 选择背景副本图层，选择【滤镜】/【艺术效果】/【绘画涂抹】命令，弹出"绘画涂抹"对话框，设置画笔大小和锐化程度为"1、20"，单击 确定 按钮，如图170-5所示。

步骤8 按【Ctrl+D】键取消选区，复制背景副本图层生成背景副本2图层。设置背景副本2的图层混合模式为"滤色"，背景副本的不透明度为25%，图像的最终效果如图170-6所示。

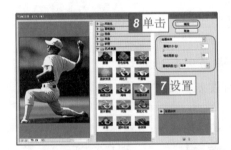

图170-5 "绘画涂抹"对话框

图170-6 最终效果

第171例 修复偏色

素　材：\素材\第9章\偏色照片.jpg
源文件：\源文件\第9章\修复偏色.psd

知识要点	制作要领
★ 平均	★ 设置"应用图像"
★ 添加图层蒙版	对话框中的参数
★ 应用图像	★ 调整图像色彩
★ 调整图像色彩	

 步骤讲解

步骤1 打开如图171-1所示的"偏色照片.jpg"图像文件，复制生成背景副本图层。选择【滤镜】/【模糊】/【平均】命令，按【Ctrl+I】键将图像反相，如图171-2所示。

步骤2 单击"图层"控制面板下方的"添加图层蒙版"按钮，添加图层蒙版。设置背景副本的图层混合模式为"滤色"，如图171-3所示。

图171-1　打开图像文件　　　　图171-2　反相　　　　图171-3　设置图层混合模式

步骤3 选择【图像】/【应用图像】命令，弹出"应用图像"对话框，设置图层为"背景"，通道为"红"，混合为"颜色加深"，单击 确定 按钮，如图171-4所示。

步骤4 选择【图像】/【调整】/【亮度/对比度】命令，弹出"亮度/对比度"对话框，设置亮度和对比度分别为"30、50"，单击 确定 按钮，如图171-5所示。

　　　　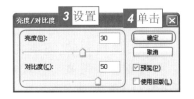

图171-4　"应用图像"对话框　　　　图171-5　"亮度/对比度"对话框

步骤5 选择【图像】/【调整】/【色彩平衡】命令，弹出"色彩平衡"对话框，设置色阶为"50、-50、-50"，单击 确定 按钮，如图171-6所示。

步骤6 返回图像文件窗口，最终效果如图171-7所示。

 魔力测试

在"应用图像"对话框中，设置不同的通道以及混合参数，预览其设置后的图像效果有何不同。

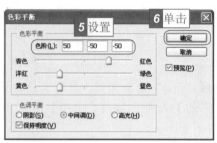

图171-6　"色彩平衡"对话框

图171-7　最终效果

第172例　去除图像

素　材：\素材\第9章\草原.jpg
源文件：\源文件\第9章\去除图像.psd

知 识 要 点
★套索工具
★图层蒙版
★移动图层

制 作 要 领
★在需要去除图像的区域创建选区
★取消蒙版与图层的链接

步骤讲解

步骤1　打开"草原.jpg"图像文件，复制生成背景副本图层。选择套索工具，在需要去除图像的区域创建选区，并设置其羽化半径为"10像素"，如图172-1所示。

步骤2　单击"图层"控制面板下方的"添加图层蒙版"按钮，添加图层蒙版，并取消其与图层的链接，如图172-2所示。

步骤3　单击背景副本图层缩略图，使用移动工具移动图层至合适位置，将图中的马图像遮盖住，最终效果如图172-3所示。

魔法档案

　　本例运用了添加图层蒙版的操作，能够保留需要的图像，并对其他图像进行编辑，在编辑不规则图像时非常适用。

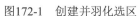
图172-1　创建并羽化选区

图172-2　取消蒙版与图层的链接

图172-3　最终效果

第173例　去除阴影

素　材：\素材\第9章\黑裙.jpg
源文件：\源文件\第9章\去除阴影.psd

知 识 要 点

★ 创建调整图层
★ 曲线
★ 反相
★ 橡皮擦工具

制 作 要 领

★ 创建并编辑调整
　　图层
★ 调整曲线形状

步骤讲解

步骤1　打开"黑裙.jpg"图像文件，复制生成背景副本图层。

步骤2　单击"图层"控制面板下方的"创建新的填充或调整图层"按钮，在弹出的菜单中选择"曲线"命令。弹出"曲线"对话框，调整曲线形状，单击 确定 按钮，生成"曲线1"调整图层，效果如图173-1所示。

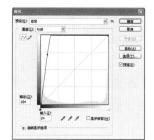

图173-1　生成"曲线1"调整图层

步骤3 按【Ctrl+I】键反相，图像恢复原始效果，如图173-2所示。

步骤4 选择橡皮擦工具 ，擦除阴影部分，最终效果如图173-3所示。

图173-2　恢复原始图像效果　　图173-3　最终效果

> 在蒙版缩略图中，白色区域表示可编辑部分，黑色区域表示不可编辑部分。

第174例　突出图像

素　材：\素材\第9章\热带鱼.jpg
源文件：\源文件\第9章\突出图像.psd

知 识 要 点	制 作 要 领
★创建并羽化选区 ★高斯模糊 ★去色	★创建热带鱼图像选区

步骤讲解

步骤1 打开"热带鱼.jpg"图像文件，使用快速选择工具 创建右侧热带鱼图像选区，并设置其羽化半径为"1像素"，如图174-1所示。

步骤2 按【Ctrl+J】键复制生成图层1。

步骤3 选择背景图层，选择【滤镜】/【模糊】/【高斯模糊】命令，弹出"高斯模糊"对话框，设置半径为"7像素"，单击 ▢ 确定 按钮，如图174-2所示。

步骤4 按【Shift+Ctrl+U】键去色，最终效果如图174-3所示。

图174-1 创建并羽化选区　　　图174-2 "高斯模糊"对话框　　　图174-3 最终效果

第175例 动 感 十 足

🧪 素　材：\素材\第9章\街头篮球.jpg
　　源文件：\源文件\第9章\动感十足.psd

知 识 要 点	制 作 要 领
★径向模糊	★在"径向模糊"
★擦除图像	对话框中设置合
	适的数量参数

步骤讲解

步骤1 打开"街头篮球.jpg"图像文件，复制生成背景副本图层。

步骤2 选择【滤镜】/【模糊】/【径向模糊】命令，弹出"径向模糊"对话框，设
置数量为35，选中◉缩放(Z)和◉最好(B)单选按钮，单击 ▭确定 按钮，如
图175-1所示。

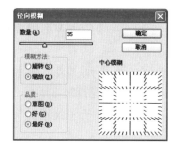

图175-1 径向模糊

步骤3 选择橡皮擦工具 ，擦除部分人物图像，最终效果如图175-2所示。

图175-2 最终效果

应用了"径向模糊"滤镜后，图像果然变得更加具有动感了！

第176例 更换背景

素　材：\素材\第9章\更换背景
源文件：\源文件\第9章\更换背景.psd

知识要点
★ 创建选区
★ 复制图像
★ 输入文本
★ 图层样式

制作要领
★ 创建选区并复制其内容

步骤讲解

步骤1 打开"更换背景"素材文件夹中的"少女.jpg"图像文件，使用快速选择工具 创建人物图像选区，并设置其羽化半径为"1像素"，如图176-1所示。按【Ctrl+C】键复制选区内容。

步骤2 打开同一文件夹中的"背景.jpg"图像文件，按【Ctrl+V】键复制粘贴人物图像，并调整其位置，如图176-2所示。

步骤3 选择直排文字工具 ，在属性栏中设置字体格式为"文鼎淹水体、60点、暗红色（e11e5a）"，输入文本"花样年华"，如图176-3所示。

步骤4 栅格化文字图层，单击"样式"控制面板中的"毯子（纹理）"按钮 ，应用图层样式，最终效果如图176-4所示。

图176-1　创建并羽化选区

图176-2　复制粘贴图像

图176-3　输入文本

图176-4　最终效果

第177例　照片上色

素　材：\素材\第9章\睡美人.jpg
源文件：\源文件\第9章\照片上色.psd

知识要点
★ 创建选区
★ 调整色相/饱和度

制作要领
★ 注意选中☑著色(O)复选框

步骤讲解

步骤1　打开"睡美人.jpg"图像文件，使用快速选择工具🖌创建头发图像选区，并设置其羽化半径为"1像素"。按【Ctrl+J】键复制生成图层1。

步骤2　选择【图像】/【调整】/【色相/饱和度】命令，弹出"色相/饱和度"对话框，选中☑著色(O)复选框，设置色相、饱和度和明度分别为"210、50、

0"，单击 确定 按钮，如图177-1所示。

图177-1 调整头发的色相/饱和度

步骤3 选择背景图层，使用快速选择工具 创建身体图像选区，并设置其羽化半径为"1像素"。按【Ctrl+J】键复制生成图层2。

步骤4 按步骤2的方法，在"色相/饱和度"对话框中选中☑著色(O)复选框，设置色相、饱和度和明度分别为"15、20、10"，如图177-2所示。

步骤5 选择背景图层，使用快速选择工具 创建嘴唇图像选区，并设置其羽化半径为"1像素"。按【Ctrl+J】键复制生成图层3，将图层3移至图层1上方。

步骤6 按步骤2的方法，在"色相/饱和度"对话框中选中☑著色(O)复选框，设置色相、饱和度和明度分别为"0、50、10"，最终效果如图177-3所示。

图177-2 调整身体的色相/饱和度

图177-3 最终效果

第178例 调整亮度

素　材：\素材\第9章\房间.jpg
源文件：\源文件\第9章\调整亮度.psd

知识要点
★ 曲线
★ 亮度/对比度
★ 高斯模糊
★ 扩散亮光

制作要领
★注意保持图像亮度的自然

 步骤讲解

步骤1 打开"房间.jpg"图像文件,选择【图像】/【调整】/【曲线】命令,弹出"曲线"对话框,调整曲线形状,单击 确定 按钮,如图178-1所示。

步骤2 选择减淡工具，在属性栏中设置画笔类型为"柔角100像素"，范围为"中间调"，曝光度为20%,涂抹整个图像,效果如图178-2所示。

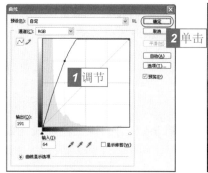

图178-1 "曲线"对话框

图178-2 减淡涂抹

步骤3 复制生成背景副本图层。选择【图像】/【调整】/【亮度/对比度】命令,弹出"亮度/对比度"对话框,设置亮度和对比度分别为"0、100",单击 确定 按钮,如图178-3所示。

步骤4 选择【滤镜】/【模糊】/【高斯模糊】命令,弹出"高斯模糊"对话框,设置半径为"3像素",单击 确定 按钮,如图178-4所示。

图178-3 调整亮度/对比度

图178-4 "高斯模糊"对话框

步骤5 选择【滤镜】/【扭曲】/【扩散亮光】命令,弹出"扩散亮光"对话框,设置粒度、发光量和清除数量分别为"0、3、5",单击 确定 按钮,如图178-5所示。

步骤6 设置背景副本图层的混合模式为"叠加",不透明度为50%,最终效果如图178-6所示。

图178-5　"扩散亮光"对话框　　　　　　图178-6　最终效果

过关练习

打开"鹦鹉.jpg"图像文件（光盘:\素材\第9章\鹦鹉.jpg）给图像上色，最终效果如下图所示（光盘:\源文件\第9章\鹦鹉.psd）。

提示：

❖ 分别创建并羽化背景、腹部、羽毛、头部选区，并复制生成相应图层。

❖ 选择【图像】/【调整】/【色相/饱和度】命令，在弹出的"色相/饱和度"对话框中选中☑着色(O)复选框，调整色相/饱和度。

练习

一学就会魔法书

第10章

卡片和包装设计

多媒体教学演示：30分钟

Photoshop CS3在各种商业领域也能一展身手，例如卡片和包装的设计等。

小魔女：魔法师，利用Photoshop CS3能制作会员卡之类的图像吗？

魔法师：可以啊，简直是小菜一碟。

小魔女：太好了，我正想用它为公司制作一批会员卡呢。

魔法师：那我们这堂课就学习一下如何制作卡片吧。除此之外，Photoshop CS3也常常被用来制作各种精美的产品包装。

小魔女：好的，您就逐一给我讲解一下制作方法吧！

魔法师：没问题，我们开始今天的学习吧。

第*179*例 名 片

素 材：\素材\第10章\名片标识.psd
源文件：\源文件\第10章\名片.psd

知识要点

★ 添加杂色
★ 色相/饱和度
★ 输入文本
★ 填充选区

制作要领

★ 合理设置字体格
  式以及文本布局

步骤讲解

步骤1 新建一个大小为"10厘米×6.5厘米"，分辨率为"300像素/英寸"的文件，并命名为"名片"。创建如图179-1所示的矩形选区，按【Ctrl+J】键生成图层1。

步骤2 选择【滤镜】/【杂色】/【添加杂色】命令，弹出"添加杂色"对话框，设置数量为50%，选中◉**平均分布(U)**单选按钮和☑**单色(M)**复选框，单击 **确定** 按钮，如图179-2所示。

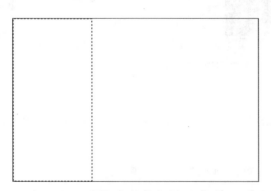

图179-1　创建选区

图179-2　"添加杂色"对话框

步骤3 选择【图像】/【调整】/【色相/饱和度】命令，弹出"色相/饱和度"对话框，选中☑**着色(O)**复选框，设置色相、饱和度和明度分别为"0、100、0"，单击 **确定** 按钮，如图179-3所示。按【Ctrl+D】键取消选区。

步骤4 打开"名片标识.psd"图像文件，将标识所在图层拖动复制至"名片"图像文件窗口中，生成图层2，调整其位置，如图179-4所示。

图179-3 "色相/饱和度"对话框

图179-4 复制并调整图像

步骤5 选择横排文字工具**T**，分别设置字体格式并输入如图179-5所示文本。

步骤6 新建图层3，创建矩形选区，并填充为"浅蓝色（96dcff）"，最终效果如图179-6所示。

图179-5 输入文本

图179-6 最终效果

第180例 会 员 卡

素　材：\素材\第10章\会员卡
源文件：\源文件\第10章\会员卡.psd

知识要点	制作要领
★ 投影	★ 合理调整图像布局
★ 复制图像	
★ 输入文本	

 **步骤讲解**

步骤1 打开"会员卡"素材文件夹中的"会员卡.psd"图像文件，如图180-1所示。

步骤2 选择图层1，选择【图层】/【图层样式】/【投影】命令，弹出"图层样式"对话框，设置距离为"30像素"，单击 确定 按钮，如图180-2所示。

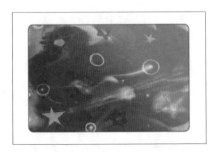

图180-1 打开图像文件

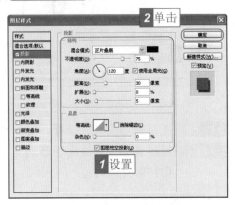

图180-2 设置投影参数

步骤3 打开同一文件夹中的"标识.psd"和"人物.psd"图像文件，分别拖动复制至"会员卡"图像文件窗口中，调整其位置，如图180-3所示。

步骤4 选择横排文字工具**T**，分别设置字体格式并输入文本，最终效果如图180-4所示。

图180-3 复制并调整图像

图180-4 最终效果

第181例 游 戏 卡

🧪 素　材：\素材\第10章\游戏卡
源文件：\源文件\第10章\游戏卡.psd

知识要点
⭐ 投影
⭐ 复制图像
⭐ 输入文本

制作要领
⭐ 合理调整图像和
文本布局

 步骤讲解

步骤1 打开"游戏卡"素材文件夹中的"游戏卡.psd"图像文件，如图181-1所示。

步骤2 选择图层1，选择【图层】/【图层样式】/【投影】命令，弹出"图层样式"对话框，设置距离为"30像素"，单击 确定 按钮，如图181-2所示。

图181-1 打开图像文件

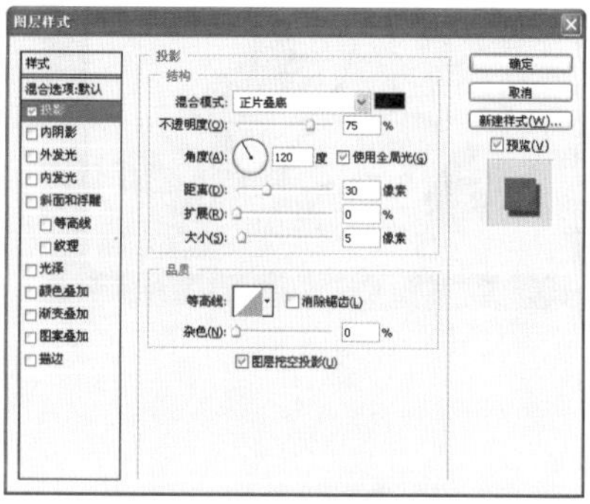

图181-2 设置投影参数

步骤3 打开同一文件夹中的"角色.psd"图像文件，拖动复制至"游戏卡"图像文件窗口中，调整其大小和位置，如图181-3所示。

步骤4 选择横排文字工具**T**，输入如图181-4所示的文字，其中汉字的字体格式为"隶书、16点、白色"，数字的字体格式为"Arial、18点、黄色"。

图181-3 复制并调整图像

图181-4 输入文本

步骤5 设置字体格式为"黑体、10点、白色"，输入如图181-5所示的文本。

步骤6 设置字体格式为"文鼎霹雳体、30点、橙色"，输入如图181-6所示的文本。

图181-5 输入文本

图181-6 输入文本

第182例 电话卡

素　材：\素材\第10章\电话卡
源文件：\源文件\第10章\电话卡.psd

知 识 要 点	制 作 要 领
★ 投影	★ 合理调整图像和
★ 复制图像	文本布局
★ 输入文本	
★ 填充选区	

步 骤 讲 解

步骤1　打开"电话卡"素材文件夹中的"电话卡.psd"图像文件，如图182-1所示。

步骤2　选择图层1，选择【图层】/【图层样式】/【投影】命令，弹出"图层样式"对话框，设置距离为"30像素"，单击 确定 按钮，如图182-2所示。

图182-1　打开图像文件

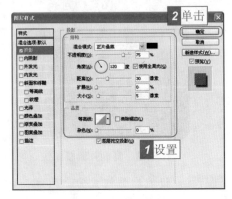

图182-2　设置投影参数

步骤3　打开同一文件夹中的"电话卡标识.psd"图像文件，拖动复制至"电话卡"图像文件窗口中，调整其大小和位置，如图182-3所示。

步骤4　选择横排文字工具T，输入如图182-4所示的文字，其中数字的字体格式为"Arial、24点"，汉字的字体格式为"方正美黑简体、14点"，均为红色。

步骤5　新建图层3，创建矩形选区，并填充为红色，如图182-5所示。

步骤6　选择横排文字工具T，输入如图182-6所示的文字，其中数字字体为Arial，汉字字体为"方正美黑简体"，均为"14点、红色"，电话卡制作完成。

一学就会魔法书

图182-3　复制并调整图像

图182-4　输入文本

图182-5　创建选区

图182-6　电话卡效果

第183例　银　行　卡

素　材：\素材\第10章\银行卡
源文件：\源文件\第10章\银行卡.psd

<u>知 识 要 点</u>　　　　<u>制 作 要 领</u>

★ 投影
★ 复制图像
★ 输入文本
★ 斜面和浮雕

★ 通过斜面和浮雕制
　作卡面的凸字效果

 步骤讲解

步骤1　打开"银行卡"素材文件夹中的"银行卡.psd"图像文件，如图183-1所示。

步骤2　选择图层1，选择【图层】/【图层样式】/【投影】命令，弹出"图层样式"
　　　　对话框，设置距离为"30像素"，单击  按钮，如图183-2所示。

图183-1　打开图像文件

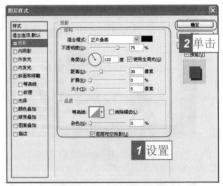

图183-2　设置投影参数

步骤3　打开同一文件夹中的"银行标识.psd"和"银联标志.psd"图像文件，拖动复制至"银行卡"图像文件窗口中，并调整位置，如图183-3所示。

步骤4　选择横排文字工具**T**，设置字体为"方正美黑简体"，然后输入如图183-4所示的文字。

图183-3　复制并调整图像

图183-4　输入文本

步骤5　选择文本"01/2008"所在图层，选择【图层】/【图层样式】/【斜面和浮雕】命令，弹出"图层样式"对话框，设置样式为"浮雕效果"，深度为150%，单击　确定　按钮，如图183-5所示。

步骤6　选择银行卡卡号所在图层，按步骤5的方法，应用相同设置的"斜面和浮雕"图层样式，最终效果如图183-6所示。

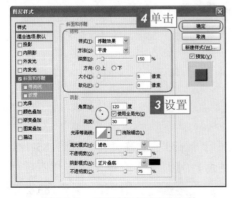

图183-5　设置斜面和浮雕参数

图183-6　最终效果

第184例　果汁包装

素　材：\素材\第10章\果汁包装.psd
源文件：\源文件\第10章\果汁包装.psd

知识要点	制作要领
★ 输入文本 ★ 缩放和斜切 ★ 减淡工具 ★ 垂直翻转	★ 通过缩放和斜切制作图像立体效果

步骤讲解

步骤1 打开"果汁包装.psd"图像文件，显示标尺并创建如图184-1所示的参考线。

步骤2 输入如图184-2所示的文本。

步骤3 隐藏背景图层，按【Shift+Ctrl+Alt+E】键盖印可见图层，生成图层2。隐藏其他图层，然后重新显示背景图层。

步骤4 创建如图184-3所示的矩形选区，按【Ctrl+J】键复制生成图层3。

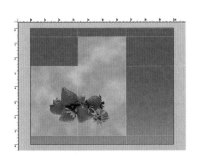

图184-1　创建参考线

图184-2　输入文本

图184-3　创建矩形选区

步骤5 按照步骤4的方法，分别复制生成图层4和图层5，如图184-4所示。

步骤6 隐藏参考线，调整图层3~图层5的位置，并分别设置宽度为1px，颜色为"灰色（9b9b9b）"的描边，如图184-5所示。

步骤7 分别对图层3~图层5的图像进行斜切和缩放变换，并调整其位置，如图184-6所示。

图184-4　复制生成图层　　　　图184-5　描边图层　　　　　图184-6　变换图像

步骤8　新建图层6，使用套索工具 ✏ 创建选区，填充为白色，如图184-7所示。

步骤9　新建图层7，使用多边形套索工具 ✏ 创建选区，并填充为"浅灰色（c2c2c2）"，如图184-8所示。

步骤10　选择减淡工具 ✎，在属性栏中设置画笔类型为"喷枪柔边圆形25像素"，范围为"中间调"，曝光度为100%，在图层7中进行涂抹，调整图像的明暗关系，如图184-9所示。

图184-7　创建并填充选区　　　图184-8　创建并填充选区　　　图184-9　涂抹减淡效果

步骤11　新建图层8，按步骤9和步骤10的方法，创建并填充选区，然后涂抹减淡，效果如图184-10所示。

步骤12　选择图层4，复制生成图层4副本。选择【编辑】/【变换】/【垂直翻转】命令，调整图层4副本位置，然后进行斜切变换，设置其不透明度为50%，制作图层4的倒影效果，如图184-11所示。

步骤13　按步骤12的方法，复制生成并调整图层5副本，最终效果如图184-12所示。

图184-10　涂抹减淡　　　　　图184-11　倒影效果　　　　　图184-12　最终效果

一学就会魔法书

第185例　茶叶包装

素　材：\素材\第10章\茶叶包装
源文件：\源文件\第10章\茶叶包装.psd

知识要点	制作要领
★ 复制并调整图像	★ 对选区内图像进
★ 输入文本	行变形调整
★ 变形	
★ 加深工具	

步骤讲解

步骤1　新建一个大小为"10厘米×13厘米"，分辨率为"300像素/英寸"的文件，并命名为"茶叶包装"，填充为"浅蓝色（00aeff）"，显示标尺，创建如图185-1所示参考线。

步骤2　新建图层1，创建矩形选区，并分别填充为"深绿色（006800）"、"浅绿色（009600）"和白色，如图185-2所示。

步骤3　打开"茶叶包装"素材文件夹中的"茶叶.psd"图像文件，拖动复制至"茶叶包装"图像文件窗口中，调整其大小和位置，设置不透明度为60%，如图185-3所示。

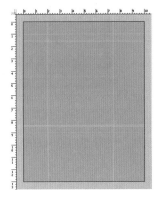

图185-1　创建参考线

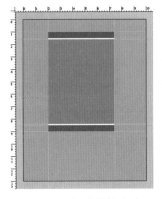

图185-2　创建并填充选区

图185-3　复制并调整图像

步骤4 打开同一文件夹中的"茶具.jpg"图像文件，拖动复制至"茶叶包装"图像文件窗口中，调整其大小和位置，擦除多余图像，设置其不透明度为60%，如图185-4所示。

步骤5 选择直排文字工具**T**，在属性栏中设置字体格式为"方正古隶简体、36点、黑色"，输入文本"清香茶"，如图185-5所示。

步骤6 设置字体格式为"方正黄草简体、10点"，输入如图185-6所示的文本。

图185-4　复制并调整图像

图185-5　输入文本

图185-6　输入文本

步骤7 选择横排文字工具**T**，设置字体格式为"黑体、7点"，输入如图185-7所示的文本。

步骤8 合并除背景图层以外的所有图层为图层1，并创建如图185-8所示的矩形选区。

步骤9 选择【编辑】/【变换】/【变形】命令，拖动调整框中的控制柄和控制线，得到如图185-9所示效果，按【Ctrl+Enter】键确认变形，取消选区。

图185-7　输入文本

图185-8　创建矩形选区

图185-9　调整变形

步骤10 新建图层2，使用套索工具创建选区，并填充为"嫩绿色（00be00）"，如图185-10所示。

步骤11 选择加深工具，在属性栏中设置画笔类型为"柔角50像素"，范围为"中间调"，曝光度为50%，在图层1中涂抹加深，如图185-11所示。

步骤12 合并图层1、图层2为新的图层1，按【Ctrl+J】键复制生成图层1副本。

步骤13 选择【编辑】/【变换】/【垂直翻转】命令，调整图层1副本的位置，并设置其不透明度为50%。隐藏标尺和参考线，最终效果如图185-12所示。

图185-10　创建并填充选区　　　　图185-11　涂抹加深　　　　图185-12　最终效果

第186例　药品包装

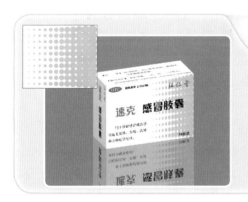

素　材：\素材\第10章\药品包装
源文件：\源文件\第10章\药品包装.psd

知识要点
★复制并调整图像
★输入文本
★变形

制作要领
★段落文字的输入

步骤讲解

步骤1 新建一个大小为"15厘米×12厘米"，分辨率为"300像素/英寸"的文件，并命名为"药品包装"，填充为"绿色（329632）"，显示标尺，创建如图186-1所示的参考线。

步骤2 新建图层1，创建矩形选区，并分别填充为白色和"浅蓝色（4ccaff）"，如图186-2所示。

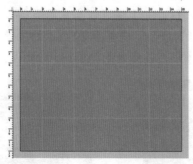

图186-1　创建参考线

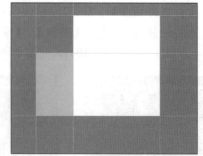

图186-2　创建并填充选区

步骤3　打开"药品包装"素材文件夹中的"图案.psd"和"OTC标志.psd"图像文件，分别拖动复制至"药品包装"图像文件窗口中，调整其大小和位置，设置图案所在图层的不透明度为70%，如图186-3所示。

步骤4　选择横排文字工具**T**和直排文字工具**↓T**，输入如图186-4所示的文本。

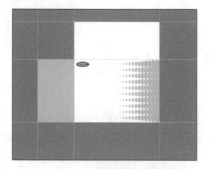

图186-3　复制和调整图像

图186-4　输入文本

步骤5　合并除背景图层以外的所有图层。创建如图186-5所示的矩形选区，按【Ctrl+J】键复制生成图层1。

步骤6　按步骤5的方法，选择合并图层，复制生成图层2和图层3，如图186-6所示。

图186-5　创建矩形选区

图186-6　复制生成图层

步骤7　隐藏合并图层，分别对图层1~图层3进行斜切和缩放变换，如图186-7所示。

步骤8　选择图层2，复制生成图层2副本，选择【编辑】/【变换】/【垂直翻转】命

令，调整图层2副本位置，然后进行斜切变换，设置其不透明度为50%，制作图层2的倒影效果。

步骤9 按步骤8的方法复制生成并调整图层3副本，隐藏参考线，最终效果如图186-8所示。

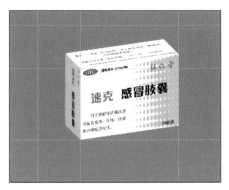

图186-7 变换图像

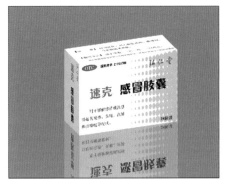

图186-8 最终效果

第187例 礼品包装

素　材：\素材\第10章\蝴蝶结.psd
源文件：\源文件\第10章\礼品包装.psd

知 识 要 点	制 作 要 领
★ 添加杂色	★ 通过"添加杂色"
★ 染色玻璃	和"染色玻璃"滤
★ 变换图像	镜制作碎花包装纸
★ 投影	效果

步骤1 新建一个大小为"15厘米×12厘米"，分辨率为"300像素/英寸"的文件，并命名为"礼品包装"，填充为蓝色，显示标尺，创建如图187-1所示的参考线。

步骤2 新建图层，创建矩形选区并填充为"粉红色（ff8282）"，如图187-2所示。

步骤3 选择【滤镜】/【杂色】/【添加杂色】命令，弹出"添加杂色"对话框，

选中 ⊙**平均分布(U)**单选按钮，设置数量为100%，单击 ▭确定▭ 按钮，如图187-3所示。

步骤4 选择【滤镜】/【纹理】/【染色玻璃】命令，弹出"染色玻璃"对话框，设置单元格大小、边框粗细和光照强度分别为"20、1、0"，单击 ▭确定▭ 按钮，如图187-4所示。

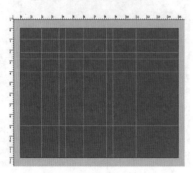

图187-1 创建参考线

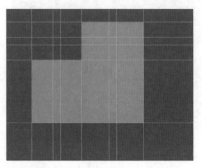

图187-2 创建并填充选区

图187-3 "添加杂色"对话框

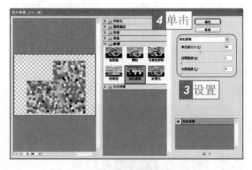

图187-4 "染色玻璃"对话框

步骤5 创建矩形选区，并填充为"浅蓝色（a9e2ff）"，如图187-5所示。

步骤6 创建如图187-6所示的矩形选区，按【Ctrl+J】键复制生成图层2。

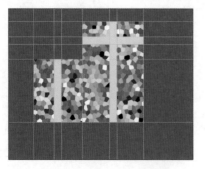

图187-5 创建并填充选区

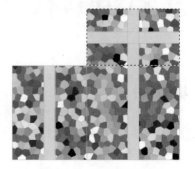

图187-6 创建矩形选区

步骤7 按步骤6的方法，选择图层1，复制生成图层3和图层4，如图187-7所示。

步骤8 隐藏图层1，分别对图层2~图层4进行斜切和缩放变换，如图187-8所示。

图187-7 复制生成图层

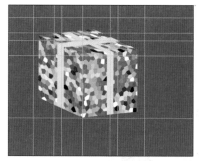

图187-8 变换图像

步骤9 选择图层3，复制生成图层3副本，选择【编辑】/【变换】/【垂直翻转】命令，调整图层3副本位置，然后进行斜切变换，设置其不透明度为50%，制作图层3的倒影效果。

步骤10 按步骤9的方法复制生成并调整图层4副本。隐藏参考线，调整除背景图层以外的所有图层的位置，如图187-9所示。

步骤11 打开"蝴蝶结.psd"图像文件，将图像拖动复制至"礼品包装"图像文件窗口中，调整图像大小和位置，并进行旋转，如图187-10所示。

图187-9 倒影效果

图187-10 复制并调整图像

步骤12 选择【图层】/【图层样式】/【投影】命令，弹出"图层样式"对话框，设置角度为"30度"，距离和大小分别为"50像素"和"20像素"，单击 确定 按钮，如图187-11所示。

步骤13 返回图像文件窗口，隐藏标尺，最终效果如图187-12所示。

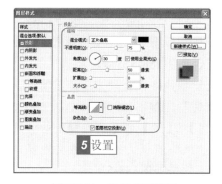

图187-11 设置投影参数

图187-12 最终效果

第188例 书籍装帧

素　材：\素材\第10章\书籍装帧
源文件：\源文件\第10章\书籍装帧.psd

知识要点	制作要领
★ 图像描边	★ 通过"风"滤镜
★ "风"滤镜	和文字变形，增
★ 变形文字	强文字的动感

 步骤讲解

步骤1 打开"书籍装帧"素材文件夹中的"书籍装帧.psd"图像文件，显示标尺，创建如图188-1所示的参考线。

步骤2 新建图层2，创建矩形选区，并填充为白色，如图188-2所示。

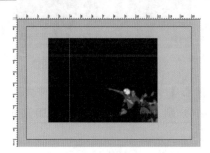

图188-1　创建参考线

图188-2　创建并填充选区

步骤3 打开同一文件夹中的"运动1.jpg"、"运动2.jpg"和"运动3.jpg"图形文件，分别拖动复制至"书籍装帧"图像文件窗口中，设置宽度为10px、颜色为白色的描边，并调整其大小和位置，如图188-3所示。

步骤4 选择横排文字工具 **T**，在属性栏中设置字体格式为"方正综艺简体、24点、白色"，输入文本"运动摄影作品欣赏"，如图188-4所示。

步骤5 栅格化文字，选择【滤镜】/【风格化】/【风】命令，在弹出的"风"对话框中直接单击 确定 按钮，应用"风"滤镜。返回图像文件窗口，按两次【Ctrl+F】键重复应用"风"滤镜，效果如图188-5所示。

步骤6 在属性栏中设置字体格式为"文鼎中特广告体、18点、黄色"，输入如

图188-6所示的文本。

图188-3 复制并调整图像

图188-4 输入文本

图188-5 应用"风"滤镜

图188-6 输入文本

步骤7 单击属性栏中的"创建文字变形"按钮，弹出"变形文字"对话框，设置样式为"增加"，弯曲为-20%，单击 确定 按钮，如图188-7所示。

步骤8 选择横排文字工具**T**和直排文字工具**↓T**，输入如图188-8所示的文本。

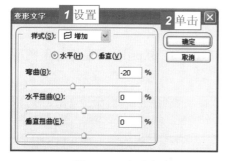

图188-7 变形文字

图188-8 输入文本

步骤9 合并除背景图层以外的所有图层为图层1，创建如图188-9所示的矩形选区，复制生成图层2。

步骤10 按步骤9的方法，选择图层1，复制生成图层3，如图188-10所示。

步骤11 隐藏图层1，分别对图层2和图层3进行斜切和缩放变换，如图188-11所示。

步骤12 复制生成图层2副本和图层3副本，分别进行斜切变换，并设置不透明度为50%，最终效果如图188-12所示。

图188-9　创建矩形选区

图188-10　复制生成图层

图188-11　变换图像

图188-12　最终效果

过关练习

打开"IC卡.psd"图像文件（光盘:\素材\第10章\IC卡.psd），制作如下图所示的IC卡（光盘:\源文件\第10章\练习.psd）。

提示：

❖ 使用自定形状工具绘制IC卡左上方的标志。

❖ 对卡片中间的白色文本应用"斜面和浮雕"图层样式。

❖ 对图像进行斜切和垂直翻转变换，调整图层不透明度，制作倒影效果。

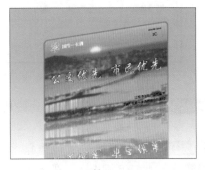

练习

第**11**章

CI设计

 多媒体教学演示：15分钟

用Photoshop制作的图片可真漂亮啊。

小魔女： 魔法师，公司安排我制作一批CI平面效果，可以用Photoshop CS3制作吗？

魔法师： 当然可以了。

小魔女： 那您能教教我如何制作吗？

魔法师： 没问题！简单来讲，CI设计也就是将公司标识与载体相结合，从而起到宣传公司形象的作用。今天我就教你如何制作公司标识和其他CI常用的宣传品。

小魔女： 好的，我一定认真学习。

第189例 企业标识

素材：无
源文件：\源文件\第11章\企业标识.psd

知识要点	制作要领
★ 绘制并填充形状	★ 绘制形状后，调整其位置与白色正圆中心对齐
★ 投影	

 步骤讲解

步骤1 新建一个大小为"1024像素×460像素"，分辨率为"300像素/英寸"的文件，并命名为"企业标识"，填充为"浅蓝色（6eb9ff）"，如图189-1所示。

步骤2 新建图层1，绘制一个正圆选区并填充为白色，如图189-2所示。

图189-1　新建并填充图像文件

图189-2　绘制并填充正圆选区

步骤3 新建图层2，选择自定形状工具 ✿，在属性栏中单击"填充像素"按钮□，在"形状"下拉列表框中选择"回收利用2"选项 ♻，在白色正圆图像中绘制形状图形。

步骤4 使用快速选择工具 ✎ 创建形状的3个箭头选区，然后分别填充为红色、绿色、蓝色，效果如图189-3所示。

步骤5 选择横排文字工具 T，在属性栏中设置字体格式为"文鼎中特广告体、30点、浅黄色（fff09b）"，输入文本"三色广告"。

步骤6 在属性栏中设置字体格式为"BlippoBlaDEE、12点、白色"，输入文本"Sanse Advertizement"，如图189-4所示。

图189-3 绘制并填充形状

图189-4 输入文本

步骤7 选择【图层】/【图层样式】/【投影】命令，弹出"图层样式"对话框，设置扩展为100%，单击 确定 按钮，如图189-5所示。

步骤8 按步骤7的方法，对"三色广告"文本图层应用相同设置的"投影"图层样式，最终效果如图189-6所示。

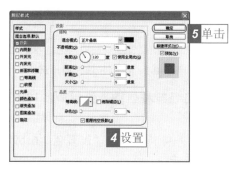

图189-5 设置投影

图189-6 最终效果

第190例 信 封

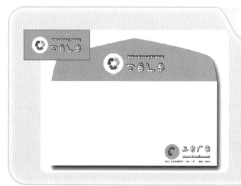

素 材：\素材\第11章\信封
源文件：\源文件\第11章\信封.psd

知识要点　　　　制作要领

★ 创建参考线　　★ 根据标尺精确创
★ 绘制路径　　　　建参考线
★ 投影
★ 复制图像文件

步骤1 新建一个大小为"12厘米×9厘米"，分辨率为"300像素/英寸"的文件，

并命名为"信封"，填充为白色。

步骤2 按【Ctrl+R】键显示标尺，创建如图190-1所示的参考线。

步骤3 新建图层1，隐藏背景图层。在图层1中绘制矩形选区并填充为白色，如图190-2所示。

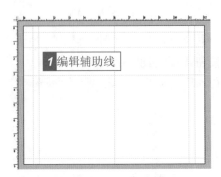

图190-1 创建参考线

图190-2 绘制并填充矩形选区

步骤4 选择钢笔工具 ，在属性栏中单击"路径"按钮 ，绘制如图190-3所示的路径。

步骤5 按【Ctrl+Enter】键将路径转换为选区，并将其填充为"浅蓝色（6eb9ff）"，按【Ctrl+D】键取消选区，如图190-4所示。

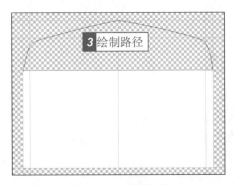

图190-3 绘制路径

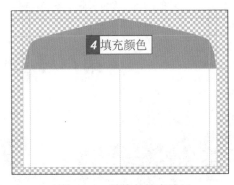

图190-4 转换并填充选区

步骤6 选择【图层】/【图层样式】/【投影】命令，弹出"图层样式"对话框，设置距离和大小均为"30像素"，单击 确定 按钮，如图190-5所示。

步骤7 重新显示背景图层，打开"信封"素材文件夹中的"标识1.psd"图像文件，将标识所在图层拖动复制至"信封"图像文件窗口中，调整其大小和位置，如图190-6所示。

步骤8 打开同一文件夹中的"标识2.psd"图像文件，将标识所在图层拖动复制至"信封"图像文件窗口中，调整其大小和位置，如图190-7所示。

步骤9 重新显示背景图层，按【Ctrl+R】键隐藏标尺，按【Ctrl+H】键隐藏参考线，最终效果如图190-8所示。

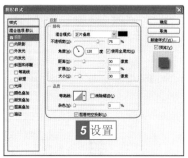

图190-5　设置投影参数

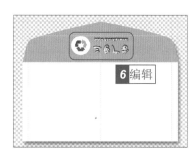

图190-6　复制并调整"标识1.psd"图像文件

图190-7　复制并调整"标识2.psd"图像文件

图190-8　最终效果

第191例　吊旗广告

素　材：\素材\第11章\吊旗广告
源文件：\源文件\第11章\吊旗广告.psd

知 识 要 点	制 作 要 领
★ 渐变填充	★ 分别创建并渐变
★ 绘制路径	填充选区
★ 设置选区边界	
★ 复制调整图像	

 **步 骤 讲 解**

步骤1 新建一个大小为"12厘米×11厘米"，分辨率为"300像素/英寸"的文件，并命名为"吊旗广告"，填充为白色。

步骤2 按【Ctrl+R】键显示标尺，创建如图191-1所示的参考线。

步骤3 新建图层1，设置前景色为"浅灰色（e9e9e9）"，背景色为"深灰色（9f9f9f）"，创建一个矩形选区，并由左至右进行渐变填充，如图191-2所示。

步骤4 新建图层2，创建4个矩形选区，并分别由上至下进行渐变填充，如图191-3所示。

图191-1　创建参考线

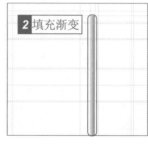

图191-2　渐变填充

图191-3　渐变填充

步骤5 新建图层3，选择钢笔工具，在属性栏中单击"路径"按钮，绘制如图191-4所示路径。

步骤6 按【Ctrl+Enter】键将路径转换为选区。选择【选择】/【修改】/【边界】命令，弹出"边界选区"对话框，设置宽度为"10像素"，单击 确定 按钮，生成环形选区，如图191-5所示。

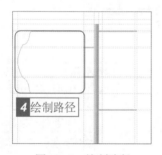

图191-4　绘制路径

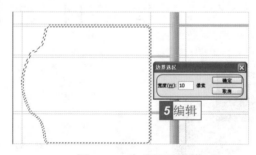

图191-5　生成环形选区

步骤7 由左上至右下渐变填充环形选区，如图191-6所示。

步骤8 打开"吊旗广告"素材文件夹中的"素材1.jpg"图像文件，将其拖动复制至"吊旗广告"图像文件中，并调整其大小和位置，生成图层4。

步骤9 隐藏图层4，选择图层3，选择魔棒工具，在属性栏中选中 连续 复选框，单击环形图像中间的空白区域。选择并重新显示图层4，反选选区，按【Delete】键清除选区内容，取消选区，如图191-7所示。

步骤10 打开同一文件夹中的"素材2.jpg"图像文件，将其拖动复制至"吊旗广告"图像文件中，并调整其大小和位置，生成图层5。隐藏标尺和参考线，最终效果如图191-8所示。

图191-6 渐变填充

图191-7 调整图像

图191-8 最终效果

第192例 工 作 牌

素 材：\素材\第11章\工作牌标识.psd
源文件：\源文件\第11章\工作牌.psd

知识要点
★ 绘制路径
★ 描边
★ 填充选区
★ 输入文本

制作要领
★ 使用钢笔工具绘制工作牌路径

步骤讲解

步骤1 新建一个大小为"10厘米×8.5厘米"，分辨率为"300像素/英寸"的文件，并命名为"工作牌"。

步骤2 按【Ctrl+R】键显示标尺，创建如图192-1所示的参考线。

步骤3 选择钢笔工具，在属性栏中单击"路径"按钮，绘制如图192-2所示的路径。

步骤4 按【Ctrl+Enter】键将路径转换为选区，选择【编辑】/【描边】命令，弹出"描边"对话框，设置宽度为3px，选中 居中(C)单选按钮，单击 确定 按钮，如图192-3所示。按【Ctrl+D】键取消选区。

步骤5 新建图层1，创建一个矩形选区，并填充为"浅蓝色（6eb9ff）"，如图192-4所示。

步骤6 再次创建一个矩形选区，并填充为"蓝灰色（c8e6ff）"，如图192-5所示。

步骤7 选择横排文字工具T，在属性栏中设置字体格式为"黑体、8点、黑色"，

分别输入"姓名: ＿＿＿"、"部门: ＿＿＿"和"职位: ＿＿＿"文本。

步骤8 选择直排文字工具 **T**，在属性栏中设置字体格式为"黑体、12点、黑色"，输入文本"照片"，如图192-6所示。

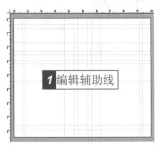

图192-1 创建参考线

图192-2 绘制路径

图192-3 设置描边

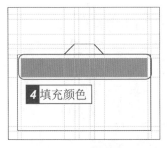

图192-4 创建并填充选区

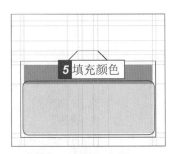

图192-5 创建并填充选区

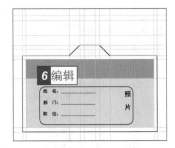

图192-6 输入文本

步骤9 新建图层2，按步骤2和步骤3的方法，绘制路径，并将其转换为选区，设置其描边宽度为"1px"，如图192-7所示。

步骤10 新建图层3，创建一个矩形选区。设置前景色为"深灰色（a0a0a0）"，由上至下进行渐变填充，如图192-8所示。

步骤11 打开"工作牌标识.psd"图像文件，将标识所在图层拖动复制至"工作牌"图像文件窗口中，生成图层4。隐藏标尺和参考线，最终效果如图192-9所示。

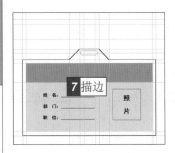

图192-7 描边选区

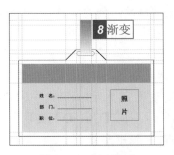

图192-8 渐变填充

图192-9 最终效果

第193例 灯箱标识

素　材：\素材\第11章\灯箱标识.psd
源文件：\源文件\第11章\灯箱标识.psd

知识要点	制作要领
★ 创建并填充选区	★ 沿参考线精确绘
★ 描边	制选区
★ 复制图像	

步骤讲解

步骤1　新建一个大小为"8厘米×8厘米"，分辨率为"300像素/英寸"的文件，并命名为"灯箱标识"。

步骤2　按【Ctrl+R】键显示标尺，创建如图193-1所示的参考线。

步骤3　隐藏背景图层，新建图层1，创建一个矩形选区，并填充为白色，如图193-2所示。

步骤4　新建图层2，使用多边形套索工具绘制选区，并填充为"浅蓝色（6eb9ff）"，如图193-3所示。

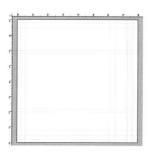

图193-1　创建参考线

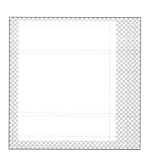

图193-2　创建并填充选区

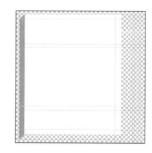

图193-3　绘制并填充选区

步骤5　新建图层3，使用多边形套索工具绘制选区，并填充为"深蓝色（5082b4）"，如图193-4所示。

步骤6　选择【编辑】/【描边】命令，弹出"描边"对话框，设置宽度为3px，选中 ◉居中(C)单选按钮，单击 确定 按钮，如图193-5所示。

步骤7 按步骤6的方法，对图层1和图层2分别进行相同设置的描边，重新显示背景图层，效果如图193-6所示。

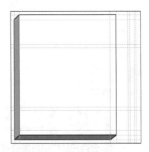

图193-4　绘制并填充选区　　　　图193-5　设置描边　　　　图193-6　描边效果

步骤8 新建图层4，创建两个矩形选区，并填充为白色，设置宽度为2px的描边，如图193-7所示。

步骤9 新建图层5，使用多边形套索工具绘制选区，并填充为白色，设置宽度为2px的描边，如图193-8所示。

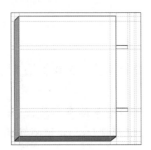

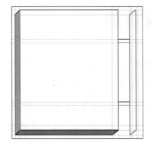

图193-7　创建并填充选区　　　　　　图193-8　创建并填充选区

步骤10 新建图层6，使用多边形套索工具绘制选区，并填充为白色，设置宽度为2px的描边，如图193-9所示。

步骤11 打开"灯箱标识.psd"图像文件，将标识所在图层拖动复制至"灯箱标识"图像文件窗口中，调整其位置。隐藏标尺和参考线，最终效果如图193-10所示。

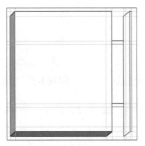

图193-9　创建并填充选区　　　　　　图193-10　最终效果

一学就会魔法书

第194例　接 待 台

素　材：\素材\第11章\接待台
源文件：\源文件\第11章\接待台.psd

知 识 要 点	制 作 要 领
★ 渐变填充	★ 由上至下进行垂
★ 描边	直的渐变填充
★ 复制图像	

步骤讲解

步骤1 新建一个大小为"10厘米×7厘米"，分辨率为"300像素/英寸"的文件，并命名为"接待台"。

步骤2 按【Ctrl+R】键显示标尺，创建如图194-1所示的参考线。

步骤3 新建图层1，创建如图194-2所示的矩形选区。

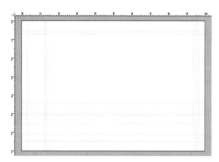

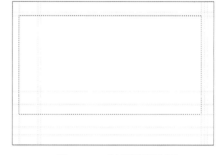

图194-1　创建参考线　　　　　　　图194-2　创建矩形选区

步骤4 选择渐变工具，在属性栏的"渐变类型"下拉列表框中选择"橙色、黄色、橙色"选项，单击"线性渐变"按钮，由上至下对选区进行渐变填充，如图194-3所示。按【Ctrl+D】键取消选区。

步骤5 新建图层2，按步骤3和步骤4的方法，创建矩形选区并进行渐变填充，如图194-4所示。

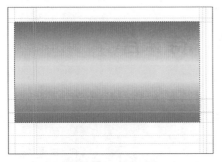

图194-3　渐变填充

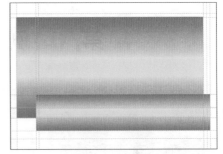

图194-4　渐变填充

步骤6 新建图层3，创建3个矩形选区，并填充为"浅蓝色（6eb9ff）"，如图194-5所示。

步骤7 分别对图层1、图层2、图层3设置宽度为2px的描边，如图194-6所示。

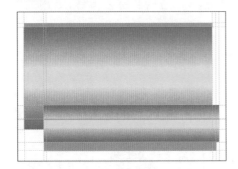

图194-5　创建并填充选区

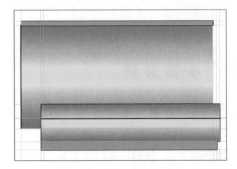

图194-6　图层描边

步骤8 打开"接待台"素材文件夹中的"接待台标识1.psd"和"接待台标识2.psd"图像文件，将标识所在图层拖动复制至"接待台"图像文件窗口中，调整其位置，如图194-7所示。

步骤9 打开同一文件夹中的"射灯.psd"图像文件，复制4个射灯图像至"接待台"图像文件窗口中，调整其位置。隐藏标尺和参考线，最终效果如图194-8所示。

图194-7　复制图像

图194-8　最终效果

第195例　部门形象牌

素　材：\素材\第11章\部门形象标识.psd
源文件：\源文件\第11章\部门形象牌.psd

知识要点	制作要领
★ 图层样式	★ 水滴样式的制作
★ 新建样式命令	★ 图层样式的处理
★ 晶格化命令	
★ 色阶命令	

步骤讲解

步骤1　新建一个大小为"9厘米×9厘米"，分辨率为"300像素/英寸"的文件，并命名为"部门形象牌"。

步骤2　按【Ctrl+R】键显示标尺，创建如图195-1所示的参考线。

步骤3　新建图层1，创建一个矩形选区，由左至右进行"橙色、黄色、橙色"的渐变填充，如图195-2所示。

步骤4　新建图层2，创建4个矩形选区，并填充为"浅蓝色（6eb9ff）"，如图195-3所示。

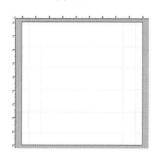

图195-1　创建参考线

图195-2　渐变填充选区

图195-3　创建并填充选区

步骤5　选择横排文字工具 **T**，在属性栏中设置字体格式为"黑体、16点、黑色"，输入如图195-4所示的文本。

步骤6　打开"部门形象标识.psd"图像文件，将标识复制移动至"部门形象标识牌"图像文件窗口中，调整其位置。隐藏标尺和参考线，最终效果如图195-5所示。

图195-4　输入文本

图195-5　最终效果

制作如下图所示的导向牌（光盘:\源文件\第11章\导向牌.psd）。

提示：

❖ 创建矩形选区并进行渐变填充。

❖ 对图层1应用"投影"图层样式。

❖ 使用自定形状工具 ▲ 绘制箭头图像。

❖ 输入文本。

❖ 复制企业标识图像。

练习

第12章

综合应用

多媒体教学演示：15分钟

学完最后一章以后，
我就要成为一名专业
的平面设计师了。

魔法师：小魔女，今天我们学习第12章"综合应用"。

小魔女：哦，时间过得这么快啊？已经是第12章了。

魔法师：是的，这是本书最后一课。

小魔女：那这一章要讲些什么呢？

魔法师：前面章节的例子都是以Photoshop的某种功能为主
进行操作，而这一章将全面使用Photoshop进行设
计，让你掌握综合应用Photoshop进行平面设计的
方法及操作过程。

小魔女：好啊，好啊，我们这就上课吧。

第196例 油漆广告

素　材：\素材\第12章\变色龙.psd
源文件：\源文件\第12章\变色龙.psd

知 识 要 点	制 作 要 领
★ 输入品牌名称	★ 根据需要选择颜
★ 设置描边	色和叠加图案
★ 输入广告文本	
★ 设置图案叠加	

 步骤讲解

步骤1 打开"变色龙.psd"图像文件。

步骤2 在工具箱中选择文字工具 T ，然后按照如图196-1所示设置属性栏，其中字体为"方正粗活意简体"，字号为"48点"。

| T ▾ | ⏽T | 方正粗活意简体 ▾ | - ▾ | T 48点 ▾ | aa 平滑 ▾ | 三 三 三 | ▮ | 工 | ▤ |

图196-1　设置属性栏

步骤3 在图像窗口左下角输入油漆的品牌"【变色龙】油漆"，如图196-2所示。

如果你的电脑中没有"方正粗活意简体"这种字体，也可以使用黑体。

图196-2　输入文本

步骤4 单击"图层"控制面板中的"添加图层样式"按钮 _fx._，然后在弹出的下拉菜单中选择"描边"命令，弹出"图层样式"对话框。

步骤5 在对话框中单击颜色色块 颜色：■，电脑将自动弹出"选取描边颜色"对话框。

步骤6 将鼠标光标移动到图像窗口中，待其变为 🖋 形状后，单击变色龙的下颚汲取颜色，这时汲取的颜色自动显示在"选取描边颜色："对话框中，如图196-3所示。

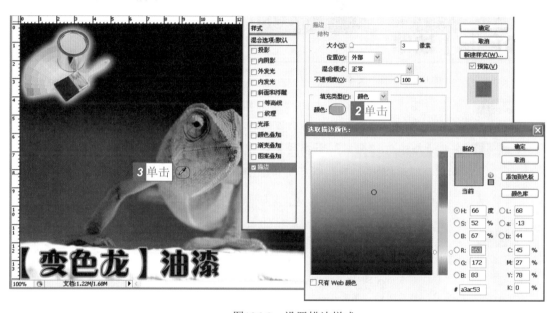

图196-3 设置描边样式

步骤7 单击 确定 按钮关闭"选取描边颜色："对话框，并自动返回到"图层样式"对话框中，在这里可以看到颜色色块已变为 颜色：■ 状，然后单击 确定 按钮关闭对话框。

步骤8 将前景色设置为"白色"，然后在工具箱中选择文字工具 T，接着按如图196-4所示设置属性栏，其中字体为"方正粗宋简体"，字号为"48点"。

图196-4 设置属性栏

步骤9 在图像窗口中变色龙的上方输入广告语"'变色龙'漆，说变就变"，如图196-5所示。

这里采用的字体需要和左下角的文字略有变化，但是又不能有太大的差异，破坏画面的整体感觉。

图196-5　输入文本

步骤10　单击"图层"控制面板中的"添加图层样式"按钮 *fx*，然后在弹出的下拉菜单中选择"图案叠加"命令，弹出"图层样式"对话框。

步骤11　在对话框中的"图案"下拉列表框中选择"自然图案"中的"常春藤叶"选项，如图196-6所示，然后单击 确定 按钮关闭对话框。

魔法档案

　　"常春藤叶"选项的选择方法为：单击"图案"下拉列表框右侧的 按钮，打开"图案"拾色器，再单击拾色器右侧的 ▶ 按钮，然后在弹出的菜单中选择"自然图案"命令。电脑将自动弹出提示对话框，在其中单击 确定 按钮将"自然图案"中的图案选项显示在"图案"拾色器中，然后选择"常春藤叶"选项 即可。

步骤12　在工具箱中选择横排文字工具 **T**，然后在属性栏中单击"创建文字变形"按钮 ，弹出"变形文字"对话框，再按如图196-7所示进行参数的设置。

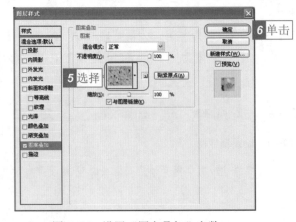

图196-6　设置"图案叠加"参数

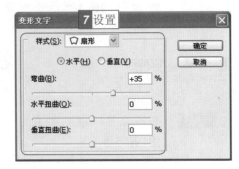

图196-7　设置"变形文字"

步骤 13 在对话框中单击 ▭确定▭ 按钮，最终效果如图196-8所示。

在平面设计中不但要保持色调的统一，而且不能采用过多的字体，以免让观众眼花缭乱记不住主体。

图196-8　最终效果

第197例　房产广告

　素　材：\素材\第12章\房产广告.psd
　源文件：\源文件\第12章\房产广告.psd

知识要点
★ 输入广告文本
★ 合并图层
★ 设置透视变形
★ 设置图层样式

制作要领
★ 设置符合图像效果的透视变形

步骤讲解

步骤 1 打开"房产广告.psd"图像文件。

步骤 2 在工具箱中选择横排文字工具 T，然后按如图197-1所示设置属性栏，其中字体为"黑体"，字号为"36点"。

| T ▾ | ⬆T | 黑体 ▾ | - ▾ | T 36 点 ▾ | aa 平滑 ▾ | ▤ ▤ ▤ | ▬ | ▨ | ▤ |

图197-1　设置属性栏

步骤3 在图像窗口上方新建两个文本图层，然后输入垂询电话和广告语，接着在下方新建文本图层，输入广告标题，如图197-2所示。

图197-2　输入文本

步骤4 按住【Ctrl】键不放，在"图层"控制面板中单击广告语所在的文本图层，使3个文本图层同时被选中，然后按住【Ctrl＋E】键合并图层。

步骤5 选择【编辑】/【变换】/【透视】命令，再将鼠标光标移动到变形框左上角的控制点上，接着向右侧拖动鼠标变形文字，如图197-3所示，然后按【Enter】键。

图197-3　设置透视

步骤6 单击"图层"控制面板中的"添加图层样式"按钮 fx，然后在弹出的下拉菜单中选择"混合选项"命令。

步骤7 在弹出的对话框中单击 ▶ 按钮，然后在弹出的菜单中选择"文字效果2"命令，再在弹出的提示对话框中单击 确定 按钮，如图197-4所示。

步骤8 在"样式"栏中单击"鲜红色斜面"选项 ■，如图197-5所示。

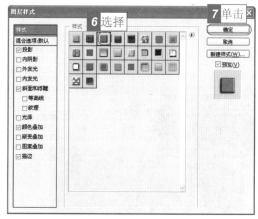

图197-5　设置图层样式

图197-4　提示对话框

这里为什么要选择
"鲜红色斜面"的
图层样式呢?

这样操作一是为了突出显示文
本,二是采用了和鲜花一样的
颜色,产生互相呼应的效果,
使整个画面更加协调。

步骤9　单击 _____ 按钮,将该样式应用到当前图层中,最终效果如图197-6所示。

图197-6　最终效果

第198例　动物园海报

素　材：\素材\第12章\动物园.psd
源文件：\源文件\第12章\动物园.psd

知识要点	制作要领
★ 创建选区	★ 设置渐隐参数
★ 反选选区	
★ 叠加图案	
★ 设置胶片颗粒滤镜	

 步骤讲解

步骤1　打开"动物园.psd"图像文件。

步骤2　选择矩形选框工具 ，然后按如图198-1所示设置属性栏。

图198-1　设置属性栏

步骤3　选择背景图层，再在窗口中拖动鼠标创建长方形选区，如图198-2所示。

步骤4　选择【选择】/【反向】命令反选选区，再按【Ctrl+J】键生成图层3。

图198-2　创建选区

一学就会魔法书

步骤5 单击"图层"控制面板中的"添加图层样式"按钮 *fx*，然后在弹出的下拉菜单中选择"图案叠加"命令，弹出"图层样式"对话框。

步骤6 在对话框的"图案"下拉列表框中选择"岩石图案"中的"石壁"选项 ▦，如图198-3所示，然后单击 确定 按钮关闭对话框。

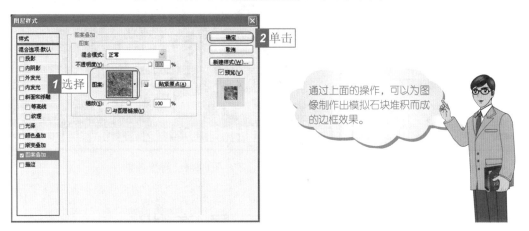

图198-3 设置"图案叠加"图层样式

步骤7 选择背景图层，然后选择【滤镜】/【艺术效果】/【胶片颗粒】命令，在弹出的"胶片颗粒"对话框中将参数设置为如图198-4所示，再单击 确定 按钮关闭对话框。

图198-4 设置滤镜参数

步骤8 选择【编辑】/【渐隐胶片颗粒】命令，在弹出的"渐隐"对话框中将参数设置为如图198-5所示。

步骤9 单击 确定 按钮，海报的最终效果如图198-6所示。

图198-5　设置渐隐参数　　　　　　　图198-6　海报效果

第199例　画展海报

素　材：\素材\第12章\画展.psd
源文件：\源文件\第12章\画展.psd

知 识 要 点	制 作 要 领
★ 选择图层	★ 调整阴影/高光
★ 设置图层样式	
★ 合并图层	
★ 调整颜色	

步骤讲解

步骤1　打开"画展.psd"图像文件，然后选择"江南博物馆"图层。

步骤2　单击"图层"控制面板中的"添加图层样式"按钮 _fx_，然后在弹出的下拉菜单中选择"混合选项"命令，在弹出的对话框中单击 样式 按钮。

步骤3　在"样式"栏中单击 ▶ 按钮，接着在弹出的菜单中选择"文字效果2"命令，然后在弹出的提示对话框中单击 确定 按钮。

步骤4　在"样式"栏中选择"枕状浮雕，灰色、黑色、金色"选项 ▣，如图199-1所示，然后单击 确定 按钮。

步骤5 在"图层"控制面板中选择印象派图层，然后按住【Shift】键不放，再单击油画图层，选择全部文本图层，如图199-2所示，然后按住【Ctrl＋E】键合并图层。

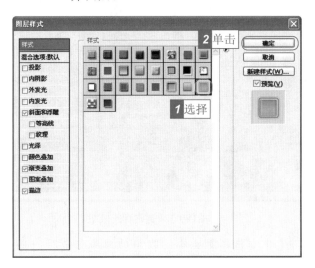

图199-1　设置图层样式　　　　　　　　　　　　　　　图199-2　选择图层

步骤6 单击"图层"控制面板中的"添加图层样式"按钮 **fx.**，然后在弹出的下拉菜单中选择"混合选项"命令，在弹出的对话框中单击 样式 按钮。

步骤7 在"样式"栏中选择"黄色金斜面凹陷"选项 ■，单击 确定 按钮，如图199-3所示。

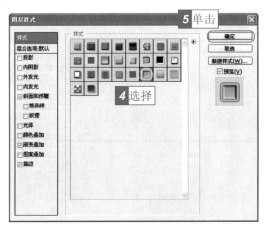

由于"黄色金斜面凹陷"选项和前面的选择"枕状浮雕、灰色、黑色、金色"选项都属于"文字效果"，因此这里可以在"图层样式"对话框中直接进行选择。

图199-3　设置图层样式

步骤8 选择背景图层，然后选择【图像】/【调整】/【阴影/高光】命令。

步骤9 在弹出的"阴影/高光"对话框中将参数设置为如图199-4所示。

步骤10 单击 确定 按钮，图像的效果如图199-5所示。

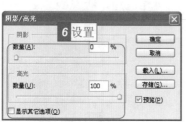

图199-4　设置阴影/高光

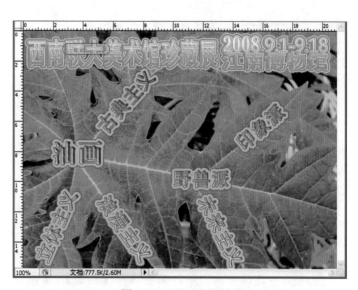

图199-5　调整后的效果

步骤11　选择【图像】/【调整】/【替换颜色】命令，弹出"替换颜色"对话框，然后在"选区"中的叶片图像上单击鼠标汲取颜色，这时颜色色块将变为■状，接着将"色相"数值框设置为"＋90"，结果色块将变为■状，如图199-6所示。

步骤12　单击　确定　按钮，返回到编辑窗口中，即可查看图像的最终效果，如图199-7所示。

图199-6　"替换颜色"对话框

图199-7　画展海报效果

第200例 饮料宣传海报

素　材：\素材\第12章\饮料.psd
源文件：\源文件\第12章\饮料.psd

知识要点	制作要领
★ 输入文本	★ 选择图层样式
★ 设置图层样式	
★ 旋转文本图层	

 步骤讲解

步骤1 打开"饮料.psd"图像文件。

步骤2 选择横排文字工具 **T**，将属性栏设置为如图200-1所示。

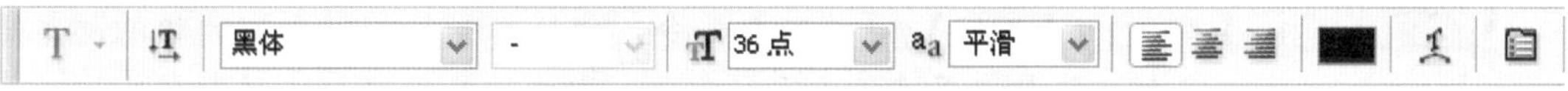

| T · | ⁝T | 黑体 | ∨ | - | ∨ | ⁝T 36 点 | ∨ | ᵃa 平滑 | ∨ | 三 三 三 | ■ | 工 | ▤ |

图200-1　设置属性栏

步骤3 在图像窗口的下方单击鼠标创建文本图层，然后输入广告语"我们全程监视每一颗果实的生长过程"。

步骤4 在图像窗口的左上方单击鼠标创建文本图层，然后输入"田园饮料出品"，接着拖动鼠标选择"田园饮料"，再将属性栏设置为如图200-2所示的效果，更改字体和字号。

| T · | ⁝T | 方正平和简体 | ∨ | - | ∨ | ⁝T 48 点 | ∨ | ᵃa 平滑 | ∨ | 三 三 三 | ■ | 工 | ▤ |

图200-2　设置属性栏

步骤5 在工具箱中选择圆角矩形工具 ◎，将属性栏设置为如图200-3所示。

| ▢ · | ▢▢▢ ◊ ◊ ▢ ▢ ○ ○ ＼ ▨ · | 半径: 10 px | 模式: 正常 | ∨ | 不透明度: 100% ▸ | ☑ 消除锯齿 |

图200-3　设置属性栏

步骤6 选择图层0，然后单击"图层"控制面板中的 🔲 按钮新建图层1，接着将前景色设置为"白色"，再在图像窗口中文本的下方拖动鼠标创建两个圆角矩

形，如图200-4所示。

步骤7 单击"图层"控制面板中的"添加图层样式"按钮 *fx.*，然后在弹出的下拉菜单中选择"混合选项"命令，在弹出的对话框中单击 样式 按钮。

步骤8 在"样式"栏中选择"文字效果"中的"木质"选项，然后单击 确定 按钮，如图200-5所示。

图200-4　绘制圆角矩形

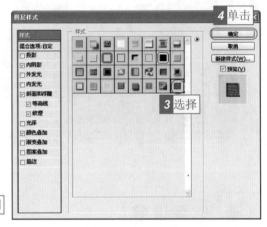

图200-5　设置图层样式

步骤9 单击"图层"控制面板中的 按钮新建图层2，然后在图像窗口中的番茄上拖动鼠标光标创建一个圆角矩形。

步骤10 选择【编辑】/【变换】/【旋转】命令，将鼠标光标移动到刚创建的圆角矩形的右下角，待其变为 形状后，向左上方拖动鼠标光标旋转圆角矩形，如图200-6所示，然后按【Enter】键确定变换。

步骤11 单击"图层"控制面板中的"添加图层样式"按钮 *fx.*，然后在弹出的下拉菜单中选择"混合选项"命令，在弹出的对话框中单击 样式 按钮。

步骤12 选择"文字效果"中的"绿色胶体"选项，如图200-7所示。

图200-6　旋转圆角矩形

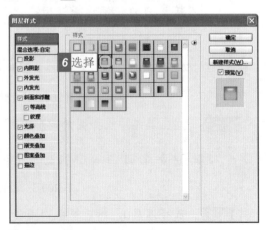

图200-7　设置图层样式

第12章 综合应用

步骤13 选择横排文字工具 T，将属性栏设置为如图200-8所示。

| T ▾ | ↓T | Broadway BT ▾ | Regular ▾ | T 32 点 ▾ | aa 平滑 ▾ | 图标 图标 图标 | 黑色 | 图标 | 图标 |

图200-8 设置属性栏

步骤14 将前景色设置为"黑色"，在旋转后的圆角矩形上输入代表时间倒计时的文本"00:00:58"，如图200-9所示。

步骤15 选择【编辑】/【变换】/【旋转】命令，然后将鼠标光标移动到刚创建的文本的右下角，待其变为↵形状后，向左上方拖动鼠标进行旋转，使其与圆角矩形的角度相符，然后按【Enter】键确定变换，如图200-10所示。

图200-9 输入文本

图200-10 旋转文本

魔法档案

如果在旋转文本之后，发现文本不在圆角矩形的正中，可以将鼠标光标移动到文本上，待鼠标光标变为▶形状后，通过拖动鼠标移动文本的位置。

步骤16 选择广告语文本图层，然后单击"图层"控制面板中的"添加图层样式"按钮 *fx.*，然后在弹出的下拉菜单中选择"斜面和浮雕"命令。

步骤17 电脑自动弹出"图层样式"对话框，在其中的"样式"下拉列表框中选择"浮雕效果"选项，然后在"方法"下拉列表框中选择"雕刻柔和"选项，接着在"方向"栏中选中◉下单选按钮，其余选项和参数设置如图200-11所示，然后单击 确定 按钮。

步骤18 选择"田园饮料出品"文本图层，然后单击"图层"控制面板中的"添加图层样式"按钮 *fx.*，然后在弹出的下拉菜单中选择"斜面和浮雕"命令。

步骤19 在弹出的"图层样式"对话框中的"样式"下拉列表框中选择"浮雕效果"选项，在"方法"下拉列表框中选择"平滑"选项，在"方向"栏中选中◉上单选按钮，如图200-12所示。

一学就会魔法书

367

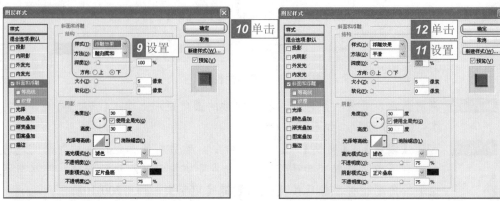

图200-11　设置图层样式　　　　　　　图200-12　设置图层样式

步骤20 单击 [　确定　] 按钮，图像的最终效果如图200-13所示。

图200-13　最终效果

通过上面的操作，可以为文字制作出木刻效果。

 过关练习

根据素材制作（光盘:\素材\第12章\练习.psd）如下图所示的图片文件（光盘:\源文件\第12章\练习.psd）。

提示：

❖ 打开素材图片，然后为图层2添加"文字效果"中的"霜覆玻璃"样式 。

❖ 为图层3添加"外发光"图层样式，然后将该图层的图层混合模式设置为"正片叠底"。

练习